BIBLIOTECA LA NAU, MINOR 6

VEUS DE CIÈNCIA

INCITACIONS A LA LECTURA CIENTÍFICA

onadaedicions.com
B e n i c a r l ó

El II Premi Internacional de Divulgació Científica Ciutat de Benicarló, convocat per l'Ajuntament de Benicarló, es va concedir a l'obra present. El jurat va estar format per Xavier Bellés i Ros, Joan Borja i Sanz, i Josep Martines i Peres. Va actuar com a president Josep Manel Barberà i Sorlí, regidor de Cultura, i com a secretari Javier Constante Lluch. Els Premis Literaris Ciutat de Benicarló compten amb la col·laboració d'Ashland, IFF, Fundació Caixa Benicarló, Diputació de Castelló, Acadèmia Valenciana de la Llengua, Institut d'Estudis Catalans, Onada Edicions, Institut Ramon Llull, Universitat Jaume I i Acció Cultural del País Valencià.

Martí Domínguez

VEUS DE CIÈNCIA

Incitacions a la lectura científica

Il·lustracions de Manuel Boix

II Premi Internacional de Divulgació Científica
Ciutat de Benicarló

BIBLIOTECA LA NAU, MINOR 6

onadaedicions.com
B e n i c a r l ó

Primera edició setembre de 2017

Edita
Onada Edicions
Plaça de l'Ajuntament, local 3
Ap. de correus 390 • 12580 Benicarló
www.onadaedicions.com • onada@onadaedicions.com

Disseny de la col·lecció Onada Edicions
Maquetació Òscar París Garcia
Correcció lingüística Rosa Maria Camps Cardona

ISBN 978-84-17050-16-0
Dipòsit legal CS-735-2017

Índex

veus de ciència

Veus de ciència

Incitacions a la lectura científica

A TALL D'INCITACIÓ

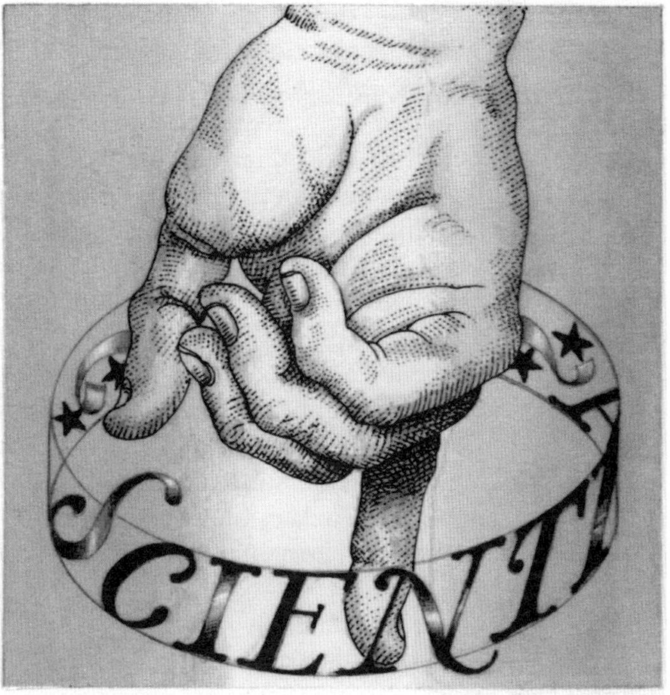

Si preguntàrem a un bon lector, d'aquests que tenen criteri literari i que segueixen les novetats editorials, quants llibres de contingut científic ha llegit els darrers anys tindríem segurament una decepció. Probablement ens diria que cap, i intentaria justificar-se al·ludint a la manca de temps i com de lluny es queden aquestes lectures dels seus interessos més primaris. Així les coses, es produeix la paradoxa de viure un moment molt emocionant pels progressos científics i tecnològics (tots portem al damunt el nostre *smartphone* connectat a internet) i tenir al mateix temps una societat del tot ignorant respecte a aquests avenços. La qual cosa, sens dubte, és una anomalia.

Pense que el terme "les dues cultures", que va encunyar Charles Percy Snow als anys cinquanta del segle passat, segueix igual de vigent. Per molt que s'ha intentat lluitar contra el que denunciava Snow, es fa molt difícil reunir els dos universos, el científic i el literari. En realitat, mai no hi havia hagut una separació tan gran entre els dos mons com s'esdevé ara. Escriptors com Lucreci, Montaigne, Voltaire, Diderot, Goethe, George Eliot, Mary Shelley, Marcel Proust, i un llarg etcètera divulguen en les seues obres idees científiques del seu temps, estan ben informats de les troballes. També Eugeni d'Ors i Joan Fuster, per citar dues veus de la nostra cultura, eren bons coneixedors dels principals assumptes de la ciència, i buscaven una percepció humanística del coneixement. Aquesta tradició s'ha acabat, fins a l'extrem que la ciència es veu com una disciplina de la qual es pot prescindir, i sovint, inclús, ni se la considera cultura.

En general, els escriptors actuals ignoren el món científic per a la seua bastida literària. Fins i tot per a la seua anàlisi de la naturalesa humana. L'escriptor d'avui en dia parla de l'home des de la introspecció, d'una forma del tot allunyada del pensament biològic contemporani: sense cap vincle amb la investigació actual, ni amb les dades aportades per l'antropologia i la psicologia evolucionista. Si Émile Zola va emprar els estudis genètics per a la seua bèstia humana, o si Marcel Proust cita Charles Darwin i Jean-Henri Fabre per a la construcció dels seus personatges, als nostres literats les darreres troballes antropològiques o genètiques els són del tot desconegudes. En molts sentits, desenvolupen una literatura anacrònica amb el seu temps científic. Molts d'ells com a molt són freudians; i ja se sap que Freud de ciència tenia ben poc: paradoxalment, tot en ell és literatura. Així les coses, excepte alguns casos aïllats (com ara Ian McEwan, amb novel·les tan notables com *Amor perdurable*, *Solar* o *Dissabte*), el desinterès del literat actual per la ciència és molt preocupant.

Evidentment, d'aquest abisme que separa les dues cultures no sols és culpable l'home de lletres. El científic també n'és responsable: l'home de ciència cada vegada és més àgraf, cada vegada és més incapaç de transmetre amb un estil propi la seua investigació. No hi ha res més desolador i avorrit que l'actual prosa científica (i més si aquesta és en anglès). I això ja ho denunciava Eugeni d'Ors: "Tanco dos o tres llibres espanyols de matèria científica. Déu meu, com aquests llibres són redactats! Quines expressions pedestres, quina confusió, quin lèxic, quina sintaxi!". El científic ha renunciat a l'estil: allò que es diu "anglès científic" no és més que un text desarmat de voluntat estilística. Una mena d'esperanto, però sense cap tipus de calat literari, com un *morse* comunicatiu, sense més aspiració que fer-se entendre. D'aquesta manera, un text científic és erm d'una adjectivació treballada, o d'una intenció persuasiva. Qualsevol incursió de l'autor per un terreny més creatiu és ràpidament fulminada pels revisors de la revista, atents a aquestes possibles temptacions. Els articles científics apareixen, per tant, completament descarnats de literatura, de qualsevol vel·leïtat creativa, de qualsevol cita o adorn: tots són estilísticament iguals, o molt semblants.

I, tanmateix, la persuasió ha estat un ingredient bàsic en l'avanç de la ciència. Charles Darwin fou un gran retòric, i el seu llibre *L'origen de les espècies* és ple a vessar de recursos estilístics, que interpel·la directament el lector. El mateix es podria dir de Galileu, i com el seu *Diàleg sobre els dos màxims sistemes del món: ptolemaic i copernicà* és un llibre literàriament potent, amb una prosa tan segura que

Italo Calvino va arribar a afirmar que Galileu havia estat el creador de la prosa toscana. A hores d'ara, uns texts com aquests no tindrien cap tipus de possibilitat en l'arena científica. Serien, de seguida, eliminats per heterodoxos, per no seguir les pautes editorials, i per ser en excés especulatius. Ningú no els citaria. Tampoc un comte de Buffon passaria ara pel sedàs dels revisors: la seua *Història natural* seria vista massa elucubradora i literària. I una obra, en conjunt, *massa* formosa.

D'altra banda, quan els científics fan divulgació, els seus anys com a productors d'articles científics pesen com una llosa. No tenen un estil propi, una veu definida, avancen a les palpentes i no saben quin és el to. Tenen els sentits creatius atrofiats després de tants anys eludint "adjectivar". D'aquesta manera, els texts divulgatius que finalment acaben publicant avorreixen el bon lector. Certament, es "divulga" la matèria, però la forma expositiva recorda sovint la d'un escolar avantatjat. Al darrere d'aquell text no hi ha un estil definit, no hi ha unes lectures complementàries, un desig de seguir una tradició literària, una capacitat comunicativa. Es confon un text expositiu, una mena d'informe sobre una matèria, amb un assaig. Si George Steiner sempre és interessant pel que diu i com ho diu, aquests texts tan sols ho són, primordialment, pel que diuen. I allò, sovint, per al lector no és prou.

El científic, doncs, quan es posa a escriure de la seua matèria hauria de fer abans llum en la seua ànima, que diria Goethe, i buscar de recuperar la seua veu adormida. Alguns científics, per la seua curiositat literària, mai no l'han perdut, com ara François Jacob, autor d'un preciós assaig titulat *La lògica del vivent*. Jacob, ho consigne ara, és tan bon escriptor com científic (va guanyar el premi Nobel, junt amb Jacques Monod, també un bon assagista). Però en són, certament, pocs. Encara així, podríem citar altres noms preclars com els de Stephen Jay Gould, Richard Dawkins o Edward O. Wilson, que resulten estimulants, i que haurien d'estar en qualsevol llibreria personal.

Aquest llibre de crítica literària científica té aquest primer objectiu: proporcionar al lector alguns títols de bon assaig científic, amb els quals nodrir la seua biblioteca. Cal dir, però, que *Veus de ciència* és el resultat de la compilació d'articles publicats en el *Cultura/s* de *La Vanguardia*, en la secció titulada *Con ciencia*. Durant tres anys, i gràcies a la confiança del seu director, Sergio Vila-Sanjuán, vaig anar comentant les distintes novetats editorials, i reflexionant sobre la ciència i la societat, acompanyat per les precioses il·lustracions del pintor Manuel Boix. Ara, un colp reunit aquest conjunt d'articles, i completats amb uns pocs més publicats a altres mitjans, constate que té una unitat, i que la seua lectura ofereix una visió de la ciència del nostre temps. I que aquests texts poden servir com a incitacions per a despertar la curiositat científica del lector tafaner, aquell que reconeix que és tan necessari com peremptori completar les lectures més humanístiques amb altres de contingut científic.

Al capdavall, "l'estil fa l'home", com va dir el comte de Buffon. En realitat, l'estil és consubstancial a tot creador, i la ciència també és fruit de la creativitat. Resulta urgent, doncs, reunir els dos mons, i recuperar aquella vella tradició humanística, on tot és *scientia*, és a dir, coneixement. Aquestes *Veus de ciència* són una incitació a això mateix.

ENTENDRE EINSTEIN

En el catàleg de l'exposició *Einstein a Espanya* es descobreix un Albert Einstein vertaderament insòlit. I dic insòlit perquè la presència del físic a Espanya, envoltat de nens a Espluga de Francolí, visitant el monestir de Poblet o la ciutat de Toledo, resulta xocant, exòtica i divertida. L'historiador Antoni Roca Rosell narra el període d'Einstein a Barcelona. El científic va impartir tres conferències: "Malgrat que Einstein va parlar amb naturalitat —escriu Roca—, sense massa formalitats acadèmiques, tot indica que el contingut de les seues conferències no fou estrictament de divulgació". Més aviat al contrari: les lliçons —en francès!— que Einstein va impartir deixaren el públic estupefacte. Fins a l'extrem que el filòsof Joaquim Xirau Palau va escriure amb befa: "Del centenar dels concurrents hi devia haver quatre o cinc que les varen seguir perfectament, potser una dotzena endevinarien alguna cosa a còpia d'esforços i la resta no varen entendre res".

La veritat és que Einstein no va aconseguir divulgar les seues idees amb massa èxit. En el diari *El Sol*, junt amb les notícies de la visita del científic, apareixia una vinyeta de Luis Bagaría, perfectament il·lustrativa del desconcert general, on un nen pregunta al seu progenitor: "—Pare, hi ha algú més savi que Einstein? —Sí, fill, qui l'entén." En efecte, feia l'estranya sensació que per a entendre Einstein s'havia de ser més intel·ligent que el mateix científic. Si Galileu i Darwin varen divulgar les seues idees amb èxit (inclús amb massa èxit), això no va arribar a ocórrer en cap moment amb Einstein. El seu llibre *L'evolució de la física*, escrit junt amb el físic polonès Leopold Infeld, és senzillament plumbós. I això malgrat l'advertència amb què s'inicia el llibre: "Abans de començar la lectura, espera vostè, amb tot el dret, que se li conteste a preguntes molt senzilles: amb quin propòsit ha estat escrit aquest llibre? Qui és el lector imaginari per al qual es va escriure? És difícil començar contestant aquestes preguntes de manera clara i convincent".

No obstant això, Einstein era un bon escriptor. Els seus pensaments, els seus aforismes, els seus articles periodístics, són atractius i contundents, com ara el recull que es pot llegir a *Les meues idees i opinions*, en especial els seus texts sobre la religió i la ciència. També les *Notes autobiogràfiques* són interessants, un resum de les seues principals idees científiques, que salpebra amb pensaments de formació: "L'evolució d'aquest món és, en certa manera, una fugida endavant de l'esbalaïment. Una sorpresa d'aquesta índole la vaig experimentar de nen, als quatre o cinc anys, quan mon pare em va regalar una brúixola. El fet que l'agulla es comportara de manera tan determinada no quadrava per a res amb la classe de fenòmens que tenien cabuda en el món inconscient dels conceptes. Encara recorde —o crec recordar— que aquesta experiència em va causar una impressió fonda i indeleble. Darrere de les coses hi havia d'haver alguna cosa profundament oculta".

Però, comptat i debatut, no va trobar cap manera de fer accessible per al gran públic les seues idees cabdals sobre la relativitat. Ni tampoc per al món intel·lectual. Un bon exemple és el de Lawrence Durrell, que va intentar introduir el principi de la relativitat en *El quartet d'Alexandria*. El prefaci de l'obra resulta d'allò més aclaridor: "Com que la literatura moderna no ens ofereix Unitats m'he girat cap la Ciència per a realitzar una novel·la com una nau de quatre ponts, la forma de la qual es basa en el principi de relativitat. Tres costats de l'espai i un del temps constitueixen la recepta per a cuinar un continu". Gerald Holton, en *Einstein, història i altres passions*, escriu que hi ha alguna cosa de commovedora i de tràgica en la temptativa de Durrell. I és cert. Ningú mai no va deixar tan prolixament escrit que no havia entès res.

I, tanmateix, Einstein és la gran icona cultural del segle xx. Però alhora representa en molts sentits la inaccessibilitat del coneixement científic als profans. Perquè en els nostres dies, la gent sap, més o menys, el mateix de la relativitat que quan el savi alemany va visitar Espanya. I això sempre "a còpia d'esforços". La qual cosa no és massa esperançadora. Molts, sens dubte, encara pensen que per entendre Einstein cal ser més savi que ell.

SER MAXWELL

El nom de Maxwell és reverenciat pels físics. Per dir-ho d'una manera orsiana, voldríem parlar com Faraday, pensar com Newton, triomfar com Einstein, actuar com Bohr, però voldríem *ser* Maxwell. Hi ha una mica això: una admiració personal i incondicional cap aquest escocès, acomodat i de bona família (com els Darwin), amb interessos filosòfics i que vivia prou aïllat del món, en la seua finca de Glenair. Fins a l'extrem que com escriu José Manuel Sánchez Ron, a la introducció de

Matèria i moviment: "No es pot comprendre el segle XIX sense tenir en compte figures com Darwin, Lyell, Pasteur o Helmholtz, però molt menys encara sense recordar Maxwell". Aquest hiperbòlic "molt menys encara" és molt indicatiu: per als físics, Maxwell ho és tot.

Per tant, ens trobem davant d'un d'aquests noms que produeixen una adhesió immediata i entusiasta entre el col·lectiu de científics, però que, en canvi, resulta bastant desconegut per a la major part dels lectors. Què va escriure Maxwell? Per què tant d'entusiasme? "Maxwell ens va deixar aportacions com la teoria del camp electromagnètic, una de les creacions científiques més originals i importants que s'han fet mai", explica Sánchez Ron. I com indica Joaquim Pla, en la introducció d'*Escrits científics i assaigs*: "Només cal tenir present alguns dels resultats d'aquesta teoria que han suposat canvis radicals en les formes d'organització social. La ràdio, la televisió, els fons de microones o bé la telefonia mòbil en són exemples clars".

La seua obra fonamental és *A treatise on Electricity on Magnetism*, un tractat complex "i difícil de dominar", en paraules de Sánchez Ron. Més possibilitats de lectura tenen els texts seleccionats per Joaquim Pla en *Escrits científics i assaigs*, que inclouen des d'alguns articles bàsics sobre la teoria del camp electromagnètic fins a les seues entretingudes conferències, algunes vertaderament fascinants, com la titulada *Molècules*, o la dedicada al descobriment del telèfon: "El telèfon del professor Graham Bell és un telèfon parlant, el qual pot transmetre no només melodies cantades, sinó també la parla normal, i ho fa amb tanta fidelitat que sovint permet reconèixer el parlant quan sentim la veu pel telèfon. Com és possible això?".

Com és possible això? Certament, ens hem acostumat a la tècnica que impregna les nostres vides, i ja no ens fem aquesta mena de preguntes. Maxwell tenia una fe absoluta en el progrés de la ciència, i inclús temia que "molt aviat haurem de confessar que l'ànima no és més que una funció de certs sistemes complexos". El professor Joaquim Pla acaba la seua extensa introducció amb un encomi que potser l'hauria tranquil·litzat: "El sentit més noble de la immortalitat de l'ànima rau en el fet que cada persona, en el decurs de la seua vida, deixa alguna empremta en el món. (...) L'ànima de Maxwell perviurà, com la llum d'un estel que ens arriba molt de temps després d'haver-se apagat". Potser l'ànima siga una funció de certs sistemes complexos, però la seua, i és el que importa, serà immortal. Per això, tots volen *ser* Maxwell.

HAWKING EN ESTAT PUR

Potser el llibre de Stephen Hawking *Breu història del temps* haja estat l'èxit de vendes menys llegit de la història. Entengueu-me: llegir Hawking no és fàcil. I el seu *best-seller*, del qual s'han venut més de deu milions d'exemplars per tot el món, és d'una gran complexitat. En general, el lector convencional l'abandona al segon capítol, i els físics i els matemàtics resisteixen fins al tercer o el quart. Això no significa que pense que el fenomen Hawking siga exclusivament de tipus mediàtic, però com passa amb certs poetes simbolistes, intuïm molt més que entenem. Les frases sonen rotundes i d'una bella factura, fascinants i alhora una mica profètiques. Sens dubte, Hawking és un escriptor singular, ens espenta a imaginar possibilitats fantàstiques i les seues afirmacions cauen sobre nosaltres amb una rotunditat que ens deixa bocabadats.

No obstant això, recomane la seua obra *Brevíssima història del temps*. Perquè en aquesta ocasió el cèlebre divulgador —ajudat per Leonard Mlodinow, un físic d'origen polonès fill de supervivents de l'holocaust— ha fet un gran esforç per resultar clar i comprensible. I aquest text de Hawking és —per dir-ho així— Hawking en estat pur, ple a vessar d'idees sorprenents, de galàxies que s'expandeixen i d'estrelles que es comprimeixen, de forats negres, en forats de cucs (els inquietants ponts Einstein-Rosen), de viatges en el temps, de possibilitats infinites, tan atractives com inquietants, de metàfores bellíssimes: "Si una estrella fóra un gra de sal, podríem posar totes les estrelles observables a simple vista en una cullereta de te, però el conjunt d'estrelles de l'univers formaria una bola de més de quinze kilòmetres de diàmetre". Però també ens transmet un sentiment agut de tristesa i impotència per no poder avançar més ràpidament en el nostre coneixement de l'univers: "L'estrella més propera a nosaltres, Pròxima Centauri, està tan lluny que inclús amb la nau espacial tripulada més veloç de què disposàrem en l'actualitat un viatge fins a ella duraria uns deu mil anys".

Origen del temps, planetes erràtics (planeta, en grec, significa "rodamón"), evolució de l'univers... Quants temes suggeridors! I quines preguntes més perilloses broten de la seua lectura: "Per què l'univers es pren la molèstia d'existir? És la mateixa teoria unificada la que obliga la seua existència? O necessita un Creador i, si és així, té aquest algun altre efecte en l'univers? I qui el va crear a Ell?". I al final del llibre Hawking adverteix, carregat de raó: "Fins ara la majoria dels científics han estat massa ocupats desenvolupant noves teories que expliquen *com* és l'univers per a preguntar-se *per què* és l'univers. En canvi, la gent que té per professió preguntar-se el perquè de les coses, això és els filòsofs, no han estat capaços de mantenir-se al dia en el progrés de les teories científiques". I carrega contra Wittgenstein, el qual va afirmar que l'única tasca que li quedava a la filosofia era l'anàlisi del llenguatge. "Quin trist final —afegeix— per a la gran tradició filosòfica des d'Aristòtil fins a Kant!".

Tant de bo els filòsofs i els poetes tornen a llegir ciència. I comencen llegint Hawking. Ja és hora de preguntar-se per què existeix l'univers. Quin sentit té tot. Si és que en té.

EL SOMNI DE VERNE

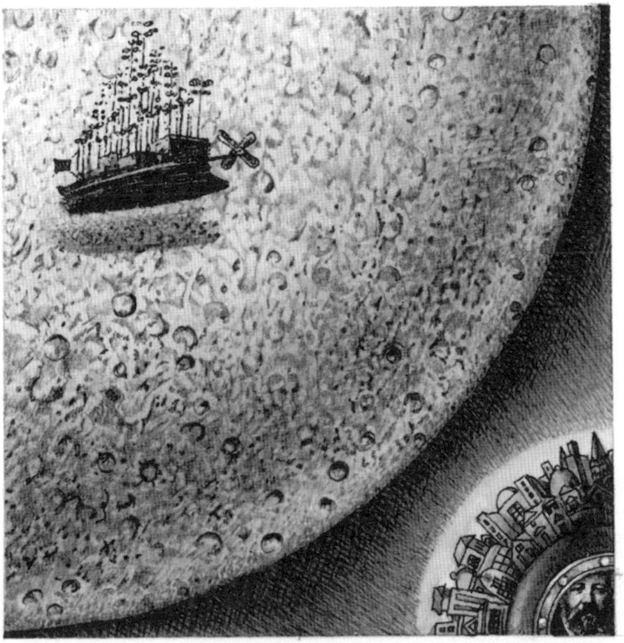

L'any de Jules Verne —la commemoració dels cent anys de la seua mort— està servint per a revisitar la seua obra. A Verne l'estan repristinant, regalvanitzant, reestudiant i, inclús, llegint (o rellegint). En aquest sentit, el llibre de Jesús Navarro *Somnis de ciència. Un viatge al centre de Jules Verne* constitueix una magnífica guia de l'obra de l'escriptor de Nantes. I no sols des del punt de vista literari, sinó molt especialment des de l'anàlisi del contingut científic: l'obsessió de Verne per la mar i la vida submarina, els càlculs físics i matemàtics del *Viatge al voltant de la lluna*, la química i la biologia de *L'illa misteriosa* (una de les seues obres més belles, preciosament traduïda al català per Jesús Moncada), la seua afició per la geografia i pels viatges extraordinaris, són alguns dels continguts d'aquest llibre, escrit amb meticulositat, erudició i un fi sentit de l'humor.

I, tanmateix, aquest centenari té més d'enyorança que de qualsevol altra cosa. Jesús Navarro explica que els llibres de Verne varen constituir autèntiques guies ètiques per a la joventut del seu temps: guiat pel seu editor Pierre-Jules Hetzel, va saber introduir en les novel·les d'aventures la passió per la ciència i el coneixement. Sens dubte, els seus llibres haurien agradat a Voltaire, que també va emprar els seus contes per a divulgar la ciència, com ara al *Micromégas*. En realitat, Jules Verne és un dels moralistes més importants del segle XIX, però no a l'estil dels seus precedents francesos (és a dir, de l'home decebut dels altres homes, des de Pascal fins a La Bruyère), sinó des de la il·lusió més fèrria en la naturalesa humana.

En qualsevol cas, a pesar del seu èxit, a pesar de divulgar aquelles idees tan necessàries i edificants, a Jules Verne mai no se'l va considerar un escriptor de primera fila. Per als literats, era un popularitzador, un escriptor de novel·les de gènere. Com Rudyard Kipling, se'l va encasellar com a "autor per a joves". Ni Flaubert, ni Zola, ni els Goncourt, varen sentir el més mínim interès pels seus llibres. I és cert que els seus personatges responen excessivament al clixé de bons i dolents, i que la substància psicològica —aquella anàlisi de les passions humanes que conduirà al microscopi de Marcel Proust—, és de vegades tractada amb massa superficialitat i rudesa.

Tanmateix, això no lleva que les seues obres siguen dignes d'encomi, que els seus llibres hagen creat moltíssims lectors i que, en definitiva, siga una de les grans fites culturals de França. Sempre estimarem l'optimisme amable dels seus personatges, la defensa dels valors de la humanitat, l'admiració amb què descriu les belleses del nostre món. I, sobretot, el seu cant —des de l'agnosticisme respectuós— a l'avanç de la ciència i el progrés. Perquè rere les peripècies més o menys previsibles dels seus herois, sempre perviu el bell ideal de la saviesa. El desig d'un món millor, més just, més solidari, més racional, més civilitzat. El somni, en fi, d'un món feliç. Una utopia en la qual l'home necessita urgentment tornar a creure i que cal reivindicar de totes les formes possibles.

LA GLÒRIA DELS LEAKEY

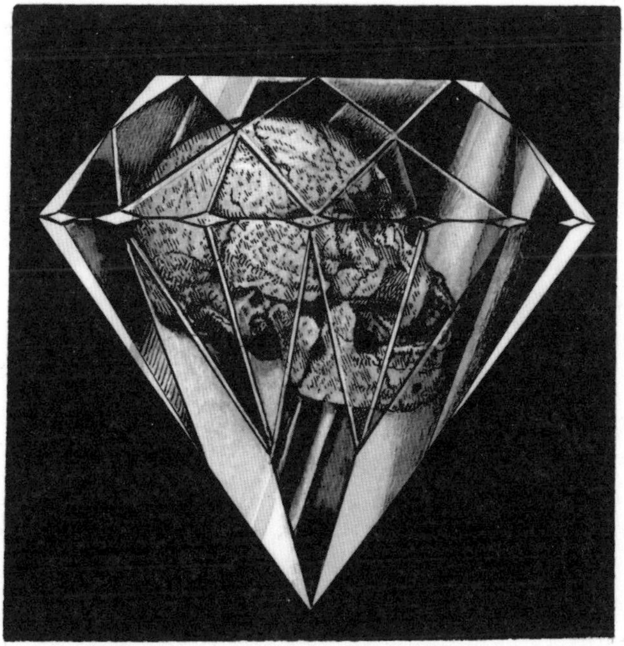

Recorde amb molta estima la lectura de les obres de Richard Leakey (*Orígens* i *La formació de la humanitat*), i com junt amb els seus pares (els cèlebres i aventurers Louis i Mary Leakey) varen descobrir les petjades fòssils de Laetoli, al cor d'Àfrica. Aquelles petjades que suggerien que fa tres milions i mig d'anys un grup de primats ja avançava dret sobre les cames. I també regresse amb freqüència al bell text del nord-americà Donald Johanson (*El primer avantpassat de l'home*), i l'emoció amb què descriu la formidable troballa de les restes de Lucy, el primer esquelet d'australopitec. I com li va posar aquell nom una mica extravagant, perquè mentre estudiava aquella nova espècie d'homínid sonava al campament *Lucy in the sky with diamonds*, el gran èxit dels Beatles, i segons sembla un homenatge encobert a l'LSD. Són llibres senzills i honests, amb poca retòrica, on la capacitat persuasiva resideix en l'èmfasi amb què l'antropòleg exposa els seus descobriments. Com s'esdevé amb els llibres sobre Atapuerca, especialment amb *L'espècie elegida. La marxa de l'evolució humana* de Juan Luis Arsuaga i Ignacio Martínez, un excel·lent model de bona divulgació científica.

Des d'aquesta passió entusiasta també està escrit el llibre de Jordi Agustí i David Lordkipanidze *Del Turkana al Càucas. L'evolució dels primers pobladors d'Europa*. Des de la primera frase ("El nostre relat comença molts milions d'anys enrere") hi ha un desig de fascinar, d'entretenir i il·lustrar. En realitat, aquesta obra és un actualitzat tractat d'antropologia, que estudia l'evolució humana des dels nostres primers ancestres antropomorfs (del *Proconsul* al *Pierolapithecus*) fins als darrers descobriments, com el singular home de Flores. I amb quina emoció ens conten la troballa del crani del "vell" esdentegat de Dmanisi! Quanta il·lusió hi ha en l'equip d'antropòlegs mentre aflora entre els ressecs sediments del jaciment de Geòrgia aquella inesperada cavitat craniana! Aquell crani és únic, i a més a més és el primer crani d'un vell de la història de la humanitat. "Per què mantenir amb vida un individu vell que ja no es pot alimentar sol? —es pregunten excitats els autors. Quin és el missatge profund i cabdal que aquella remota comunitat de Dmanisi ens envia a través d'un viatge de dos milions d'anys?".

En efecte, són missatges profunds que ens arriben des del nostre passat. Aquesta és la màgia incomparable de la paleoantropologia, aquests excitants viatges als nostres obscurs orígens biològics. Una apassionant recuperació de velles històries, de velles epopeies, que ens fan mirar amb estima i una mica d'estremiment aquells avantpassats tan desconeguts, tan llunyans i, alhora, tan incipientment humans.

L'ABOMINABLE DARWIN

La vida és ondulant, deia Montaigne. I també molt capritxosa, caldria afegir-hi. Perquè si el capità Fitzroy no haguera decidit emprendre un segon viatge a la Patagònia, i si no haguera buscat algun naturalista que l'acompanyara (amb la peregrina excusa de buscar vestigis del Diluvi Universal, però amb l'objectiu real de tenir algú amb qui parlar i tolerar millor la soledat), Charles Darwin hauria seguit estudiant per a sacerdot, i la història dels homes hauria estat molt diferent. Però Fitzroy necessitava algú amb qui conversar durant aquell llarg viatge a bord del *Beagle*, i Darwin tenia molt poques ganes de convertir-se en rector d'alguna aldea rural. D'aquesta manera, es varen reunir dues de les personalitats més contrastades que ha donat el segle XIX anglès: un capità de l'armada, rígid i ortodox, defensor a ultrança de la Bíblia i dels valors cristians, i un jove naturalista, de tan sols vint-i-dos anys, sense prejudicis i de tendències liberals, que escrutava el món amb el desig una mica ingenu de comprendre'l.

El llibre de Peter Nichols *Darwin contra Fitzroy* és una bona crònica d'aquell duel de titans. Perquè el jove "caçador de mosques" —com el coneixerien de seguida els mariners del *Beagle*— a poc a poc va madurant, i a la tornada del viatge va venir transformat i amb idees pròpies —unes idees que com ja sabem canviarien el món. Aquesta metamorfosi està excepcionalment narrada per Nichols, amb un estil àgil i periodístic, i amb un coneixement molt profund del món del mar i de la navegació. Fitzroy es veuria superat per les evidències evolutives que aquell jove naturalista anava acumulant, amb paciència i entusiasme. L'irascible i conservador capità no va poder resistir haver contribuït a la gestació d'aquella doctrina "abominable" (com la va qualificar el poeta Coleridge), ni tampoc va saber evitar la gelosia en veure com el seu protegit triomfava amb la publicació del relat del viatge. Una frustració que, junt amb altres fracassos, el conduiria a una profunda depressió i, finalment, al suïcidi.

Perquè la veritat és que el *Viatge del Beagle* de Charles Darwin és un apassionant relat d'aventures, hàbilment escrit i molt entretingut. En la seua autobiografia, Darwin confessaria que l'èxit literari d'aquella primera obra sempre el va complaure més que qualsevol altre dels seus triomfs posteriors. I amb raó: a més de ser un bon llibre de viatges (com les cròniques de Humboldt, Bougainville o

La Condamine), fou l'inici de tot. El punt de partida que el conduiria a *L'origen de les espècies* i a la teoria herètica de l'evolució. El mateix Darwin canviaria molt durant el viatge, i també el seu malnom: el caçador de mosques va passar a ser anomenat "filo" de manera afectuosa, per la seua dèria de "filosofar" sobre tot.

Si encara no heu llegit el *Viatge del Beagle*, cal fer-ho amb el complement d'aquest llibre de Nichols: és un assaig enginyós, sorprenent, amb alguna digressió ("A mitjan segle XIX, Déu encara no havia vist minvat el seu prestigi, exactament com s'esdevé amb la Família Reial britànica en l'actualitat"). Perquè llegir Darwin hauria de ser com llegir Shakespeare o Cervantes. O Joanot Martorell. Són llibres que ens han canviat, que ens han millorat, que representen un moment irrepetible i transcendental de la nostra història. Darwin no pot faltar en una biblioteca, ni en la nostra formació intel·lectual. Llegiu l'abominable Darwin: us assegure que us impressionarà com de capritxós —i ondulant— pot arribar a ser el destí.

IN MEMORIAM D'ALBERT SCHATZ

Goethe, en les converses amb Eckermann, ho indica amb claredat: "Els problemes de la ciència són amb molta freqüència els de l'existència. Un sol experiment pot fer famós un home i pot fomentar la seua felicitat burgesa. Per aquesta raó regna en les ciències més severitat, tossudesa i enveja per les idees dels altres". I és ben possible que siga així: les intrigues són inseparables del món intel·lectual, però en la ciència un sol experiment pot catapultar el científic a la fama i, com diu l'autor de *Werther*, fomentar la seua felicitat burgesa. Watson i Crick, en un colp de sort, descobriren l'estructura helicoïdal de l'ADN, i desbancaren altres candidats pacients, potser més savis i preparats, però no tan llests. I des d'aquell moment —Watson tan sols tenia vint-i-cinc anys i Crick, trentaset— aquesta parella va tenir obertes totes les portes del món. Un sol experiment els va fer famosos *urbi et orbi*.

Però la ciència és plena de noms que no tingueren tanta sort. Podríem citar el de Rosalind Franklin, que no sols va veure com Watson i Crick utilitzaven les seues idees, sinó que poc després —possiblement a causa dels seus experiments amb raigs X— va morir de càncer d'ovari. El llibre de Mercè Piqueras tracta aquestes qüestions de les injustícies de la ciència: com indica el títol, *Cròniques de l'altra veritat*, és la història explicada des de l'altra banda de l'espill, i la batalla d'alguns científics contra l'anonimat i la defensa de la seua recerca. Mercè Piqueras és una brillant divulgadora de la ciència, i aquest llibre està escrit amb estima i saviesa, ponderant tots els arguments, però al mateix temps lluitant per projectar un poc de glòria sobre noms que han caigut en l'oblit. Com ara el de Beatrix Potter, l'autora del conte del conill Peter Rabbit, que també fou una excepcional botànica, una gran coneixedora dels fongs i els líquens (va intentar entrar al Kew Garden però no l'admeteren per ser dona), a més d'una bona il·lustradora. A pesar del seu èxit literari, mai la comunitat científica va voler reconèixer el seu excel·lent treball micològic. O el de Marie Curie, que constantment va veure la seua obra entenebrida per la del seu marit. Però l'exemple potser més il·lustratiu és el d'Albert Schatz, el jove investigador que va descobrir l'estreptomicina, l'antibiòtic amb què es va combatre la tuberculosi. El relat de Piqueras dels esforços i riscs que va córrer Schatz és estremidor: va treballar sol en un laboratori instal·lat en un soterrani del Cook College de la Universitat de Rutgers: després de tres mesos arriscant la seua salut, el 19 d'octubre de 1943, va aïllar dues soques d'actinobacteris que podien detenir el creixement de certes bactèries resistents a la penicil·lina. Tanmateix, la comunitat científica tan sols va recompensar el seu supervisor, Selman Waksman, que va rebre el premi Nobel.

És cert, un sol experiment pot fer famós un home. Fins i tot si aquest home no és l'autor de l'experiment. Per això, la "tossudesa" dels científics. Schatz va denunciar el seu director Waksman, però el litigi no va servir més que per tancar-li definitivament les portes dels laboratoris nord-americans i europeus. Al final, va haver d'emigrar a Xile amb la seua família, i fins a hores d'ara la fundació Nobel no ha reconegut el seu error.

Tampoc Goethe va tenir sort com a científic: les seues teories transformistes no foren ben acollides per l'ortodoxa comunitat científica alemanya. Bastant injustament, perquè era un bon observador i un excel·lent filòsof de la naturalesa (Darwin el citaria com a precursor seu en la introducció de la tercera edició de *L'origen de les espècies*). Però Goethe sempre va lamentar no haver conquistat l'Olimp de la ciència. No per allò de la felicitat burgesa, sinó tan sols per pura vanitat.

DES DE KONRAD LORENZ

Els germans Jules i Edmond Goncourt, en el seu inesgotable *Diari*, escrivien: "És desesperant que la gran manera d'arreglar les coses entre els homes siga encara la guerra". L'anotació és de 1860, durant el setge de París per les tropes prussianes. Què haurien escrit els Goncourt després de dues guerres mundials? O després de l'11-S i de la guerra de l'Iraq… El desconcert dels Goncourt sorgeix del conflicte que es produeix entre allò que ens pensem que som i allò que els horrors de la guerra ens descobreixen sobre la nostra autèntica naturalesa.

Tanmateix, per molt que els científics han intentat divulgar les bases biològiques de l'agressió, el fracàs ha estat absolut. Konrad Lorenz, en *Sobre l'agressió*, un text pioner en l'estudi de les pulsions humanes, publicat l'any 1966, escrivia esperançat: "No em pareix de cap manera utòpica la possibilitat de proporcionar a tot ésser humà un coneixement suficient dels fets essencials de la biologia [humana]". Potser no, però de moment la situació no és gens favorable: l'home segueix desconeixent totalment els seus instints biològics, les seues pulsions, els dispositius innats que l'esperonen a l'agressivitat.

Els llibres d'Adolf Tobeña s'endinsen valerosament en aquest terreny tan conflictiu. Tobeña és catedràtic de Psicologia Mèdica de la Universitat Autònoma de Barcelona, i un escriptor fi i agut. Tant *Anatomia de l'agressivitat humana* com *Màrtirs mortífers* estan ben escrits, fent ús d'un lèxic tan clar com exigent. La transparència de la seua prosa reforça la rotunditat dels seus arguments: "Els homes se segueixen apuntant a aquestes estratègies combatives amb més devoció que les dones —escriu en *Anatomia*...—; primer, perquè tenen uns dispositius neuroendocrins 'primats' en aquest terreny i, segon, perquè els continua sortint a compte; pugen graons en els rangs jeràrquics a còpia de sotmetre altres barons, frueixen de més prestigi i compten amb més recursos monetaris i patrimonials. I amb això poden accedir a un ventall més gran de parelles sexuals". El pensament neodarwinista d'Adolf Tobeña és implacable, i els estudis amb els quals justifica les seues frases afilades i impertinents provenen de les més acreditades revistes científiques. Hi ha violència perquè encara surt a compte —ens diu categòric—, i seguirà havent-n'hi mentre l'home no es conega a si mateix i controle els seus instints més primaris.

D'altra banda, *Màrtirs mortífers* és un llibre més complex, més espinós, on Tobeña ha arriscat més, i d'una gran actualitat. Potser el martiri dels suïcides també surt d'alguna manera "a compte", però encara així segueix resultant un procés excepcionalment complex d'entendre. Quina eficiència biològica pot tenir el terrorista suïcida? Quedar com un heroi al davant de la seua comunitat? En qualsevol cas, és necessari que els historiadors, els sociòlegs i els filòsofs escolten aquesta mena d'arguments, vinguts des de la psicobiologia evolutiva. Amb massa freqüència l'abisme que separa les ciències de les humanitats s'amplia quan s'aborden aquests temes, tan delicats i enredats. Sovint es reacciona amb massa recel al davant d'aquestes idees biològiques, que de seguida s'acusa de "deterministes", com si amb allò ja foren diabòliques. És necessari sumar esforços i atendre les distintes i possibles explicacions, des de la probitat i el respecte intel·lectual. Penseu, si no, en la frase desesperada dels Goncourt. Fins quan farem la guerra? Aquesta és la qüestió.

DESMOND MORRIS, *NOSCE TE IPSUM*

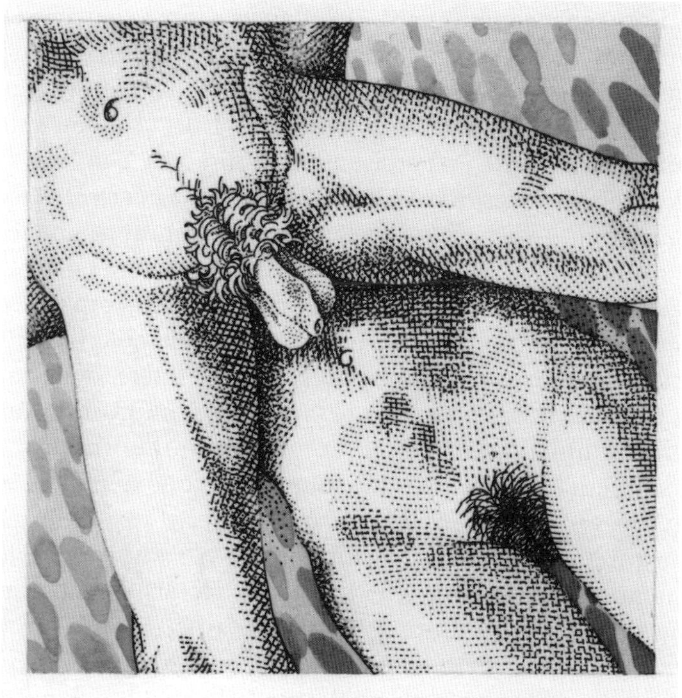

El pintor Edgar Degas tenia fama de misogin pels retrats femenins tan esquerps que pintava en els cabarets de París. En una ocasió una agosarada amfitriona li va preguntar: "Per què pinta les dones tan lletges, senyor Degas?". A la qual cosa va contestar, el vell ogre: "*Parce que la femme en général est laide, madame*". La *boutade* degué deixar desconcertada aquella senyora, però sens dubte hauria indignat Desmond Morris, que en *La dona nua* escriu amb entusiasme: "Tota dona té un cos preciós.

És la brillant culminació de milions d'anys d'evolució, de sorprenents ajustaments i subtils refinaments que el converteixen en l'organisme més notable del planeta".

L'organisme més notable del planeta. Com veieu, passem d'un extrem a un altre. És clar que Desmond Morris es refereix a una bellesa "evolutiva", alguna cosa així com el zenit de milions d'anys de selecció natural. I des d'aquesta singular tesi exaltada està escrit aquest llibre, que com tots els seus treballs anteriors, des d'*El simi nu* fins a *El zoo humà*, és entretingut i suggeridor, i per tant de lectura recomanable per a un públic ampli. Desmond Morris recorre en vint-i-tres capítols el cos de la dona, literalment des del cap fins als peus, en un crescendo que té alguna cosa de bolero de Ravel, però que sens dubte manté expectant l'interès del lector.

La seua prosa és senzilla i clara, inclús en ocasions una mica rudimentària, però els exemples són il·lustratius i la documentació abundant. I sobretot recupera moltes de les idees plasmades en *El simi nu*, publicat l'any 1967, que fou un autèntic *best-seller*. En aquesta obra Morris va fer entendre per primera vegada a molts lectors el mico que tots portem a dins nostre, i va explicar aspectes de la nostra sexualitat d'una manera que ningú fins aleshores no havia llegit d'una forma tan clara i detallada: "El penis del mascle experimenta amb l'excitació sexual grans modificacions. Moll i flàccid a l'inici, s'allarga, s'endureix i s'empina, gràcies a una intensa congestió dels vasos. La seua longitud mitjana de nou centímetres i mig augmenta en set o vuit centímetres. El seu diàmetre augmenta també molt, de tal manera que l'espècie humana té el penis erecte més llarg de tots els primats actuals". Els lectors d'*El simi nu* varen descobrir amb sorpresa que els homes tenen el penis més llarg de tots els primats, i les dones els pits més gruixuts. I això per què, es preguntava Morris, abans de donar pas a les seues extraordinàries explicacions.

En *La dona nua*, Desmond Morris recupera molts d'aquells exemples colpidors. Com ara la sorprenent relació entre el desenvolupament dels llavis femenins i la vulva, o l'analogia entre els pits i les natges, que il·lustra amb nombrosos exemples i anècdotes, en un bon treball de recopilació antropològica. Perquè Desmond Morris —com sens dubte ho fou Degas— és un observador molt atent. I, a més a més, no hi ha cap dubte que gaudeix d'allò més amb aquest treball de zoòleg humà. Potser en algunes admiracions hi ha un excés d'èmfasi: "Sense llengua, les dones no podrian garlar i se les privaria d'una de les seues qualitats supremes: la capacitat de comunicar verbalment millor que cap altre animal del món, millor inclús que el mascle humà". I algunes frases són, per això mateix, una mica desmesurades: "La boca femenina fa hores extraordinàries. La resta d'animals utilitza molt la seua boca [...], però la femella humana ha incrementat aquesta llista". Però, en canvi, hi ha molts passatges que fan perdonar els possibles excessos de l'autor. Els capítols dedicats als llavis ("En els llavis humans hi passa una cosa molt estranya. Com a fet excepcional en el món animal, els tenim a l'inrevés"), al nas ("una cartografia cuidadosa revela que és possible classificar els pobles pel seu exponent nasal") o al pèl púbic (amb una curiosa classificació de depilats amb noms prometedors, com el bigot hitlerià o de Chaplin), són divertits i admirables.

En qualsevol cas, sorprèn que llegint Desmond Morris encara pugam aprendre tantes coses sobre nosaltres mateixos. Amb *El simi nu* la descoberta fou majúscula, i molts no tornaren a veure el sexe i el seu cos de la mateixa manera. Tant aleshores com ara, en alguns casos les revelacions resulten un poc inquietants, en altres ens produeixen un cert enrojolament. Clar que com va proclamar Mark Twain, fent de Mae West: "L'home és l'únic animal que s'enrojola, o que hauria de fer-ho". Si llegiu Morris, us enrojolareu: sempre és bo conèixer-se un mateix.

IMPLACABLE NEWTON

El crític literari Charles Agustin Sainte-Beuve pensava que per a entendre bé l'obra d'un autor era indispensable conèixer la intimitat de l'escriptor, les seues qualitats morals, els seus èxits amorosos i els seus fracassos, l'ambient en què havia crescut i s'havia cultivat. Sainte-Beuve parlava d'una "botànica moral": de la mateixa manera que el taxònom estudia les característiques de l'ecosistema en el qual viu una planta o un animal, el mateix hauria de fer el crític per a poder aprofundir en els secrets d'un text. Aquest mètode d'anàlisi va produir la resposta airada de Marcel Proust, amb un famós assaig titulat *Contra Sainte-Beuve*, on mostrava la seua disconformitat amb aquell mètode dogmàtic i materialista del crític.

En qualsevol cas, si aquest mètode de Sainte-Beuve l'apliquérem a la vida dels científics, també ens enduríem moltes sorpreses. Descobriríem un Albert Einstein tirànic amb Mileva, la seua primera esposa i una matemàtica també genial; un Galileu extravagant, faceciós, que mantenia la seua amant a Pàdua i amb qui tingué tres fills; o un Ramón y Cajal, misogin i prostibulari, fent valoracions sobre l'esposa ideal, i recomanant com la més apropiada l'"esposa modesta" o "la señorita hacendosa": "¡Esta mujer es la gloria! Porque gracias a sus abnegaciones, sacrificando galas y joyas para que no falten libros y revistas, consolando y confortando al genio en el desaliento, hace posible la ejecución de la magna empresa, plegándose a las exigencias de una vida seria de trabajo intenso y de recato austero".

La vida privada d'Isaac Newton cada vegada ofereix més claus per a interpretar la seua "magna empresa". El llibre de James Gleick *Isaac Newton. La ment que va canviar la història de la ciència* és atractiu per la facilitat amb què va desgranant la biografia de l'autor i associant-la als seus descobriments. Mentre que l'obra científica és àmplia i lluminosa, diversa i incomparable, en canvi, la seua vida és fosca i tortuosa. Sorprèn tanta llum entre tanta tenebra. Si seguírem el mètode de Sainte-Beuve, podríem especular que el geni de Newton mai no va superar que, a la mort del seu pare, quan tenia tres anys, la seua mare es tornara a casar al cap de pocs mesos, i que el nou marit imposara que el nen es criara amb els avis materns. Potser per això en tota la vida de Newton hi ha una acritud, una desconfiança de base, un ressentiment, quasi una actitud feroç. Amb quina virulència replica als seus adversaris científics!

Com ridiculitza l'obra dels seus contrincants, entre elles la de Robert Hooke, autor d'un bell i important llibre titulat *Micrografia*...! La polèmica amb Hooke (amb el *Clarissimus Hookius*, com l'anomenava pomposament abans de renyir) va ser tan agra que el va conduir a aquesta conclusió: "La filosofia és una dama tan descaradament litigant que un home faria bé de no mesclar-se en litigis relacionats amb ella. Ho vaig descobrir fa temps i ara, tan aviat com m'aproxime a ella, m'ho adverteix".

I, per altra banda, amb quina energia s'aplica en l'alquímia i en l'estudi de la Bíblia! I amb quina avarícia portarà sempre el tema dels diners: "A Newton no li va importar tractar la seua càtedra com una sinecura —a pesar d'estar absent, seguirà cobrant el salari de Cambridge—, però fins a la seua mort va dirigir la Casa de la Moneda amb diligència, fins i tot amb acarnissadament", escriu Gleick. Era un home sever, imposant, que portava les finances de l'Estat amb un zel implacable, controlant fins al darrer detall, vigilant fins al darrer penic. Mai no se'l va veure riure, excepte en una ocasió, quan li preguntaren de què servia llegir Euclides. Va morir d'un càlcul a la vesícula, després de diverses hores d'agonia, amb la suor corrent-li pel front, però en cap moment no va cridar ni es va queixar.

Certament, aquesta biografia no afegeix molt a l'excepcional de Richard S. Westfall: *Isaac Newton: una vida*. Ni al treball de Michael White, encara no traduït, *Isaac Newton. El darrer bruixot*, en el qual se'ns presenta un Newton en estret contacte amb la màgia i la bruixeria. Però el llibre de Gleick és àgil, es llegeix molt bé, i, sens dubte, es beneficiarà del seu èxit anterior, *Caos: la creació d'una ciència*. El tortuós Newton, l'alquimista *Jeova sanctus unus* (el seu nom secret, anagrama de *Isaacus Neuutonus*), sempre és interessant. La "botànica moral" que se'ns descobreix és única. I en voldríem més. Amb el permís de Marcel Proust, és clar.

ELS *MEMS* DE DAWKINS

Sempre m'ha paregut notòriament falsa la sentència de Plini el Jove que afirma que no hi ha llibre que no continga alguna cosa bona. Almenys en els nostres dies, quan les novetats editorials són cada vegada més insubstancials, amb un nivell literari —per dir-ho com Marsé— subterrani. Inclús, en molts sentits, cada vegada és més difícil trobar una obra que continga una sola frase memorable, alguna cosa que pague la pena ser apuntada i salvada del pas del temps. Per tant, quan descobreixes un autor que et sedueix, inclús que t'impressiona amb una percepció nova de la vida i de la cultura, sol produir-se un encís que quasi sempre sobreviu al transcurs dels anys.

Richard Dawkins va produir a molts lectors aquest enlluernament. El seu llibre *El gen egoista* és una lectura fascinant, sorprenent, en molts aspectes inquietant. Amb una gran habilitat va aconseguir divulgar el pensament neodarwinista d'autors com Edward O. Wilson, John Maynard Smith i Robert Trivers, amb una argumentació senzilla i clara. Un discurs i una visió de l'home i la naturalesa que es resumeix en aquesta cita contundent: "Som màquines supervivents, vehicles autòmats programats a cegues amb el fi de preservar les egoistes molècules conegudes amb el nom de gens. Aquesta és una realitat que encara m'ompli de sorpresa".

Per tant, tota obra de Dawkins té els seus fans impenitents. És cert que des d'*El gen egoista* no ha tornat a signar un treball tan redó i impactant; no obstant això, el seu segon llibre *El rellotger cec* també és una lectura interessant, així com *Desteixint l'arc de sant Martí*. Dawkins sempre és Dawkins, en els seus texts sempre hi ha un posicionament de batalla, una actitud valenta, un missatge irònic, un parar d'*enfant terrible* que tantes antipaties li ha reportat. I en *El capellà del diable* —que és fonamentalment una miscel·lània d'articles publicats en premsa— trobem tota la seua doctrina: la seua percepció darwinista, la seua actitud contra els filòsofs postmoderns i contra els xarraires ingenus, la seua defensa de la investigació amb cèl·lules mare, els seus qüestionats *mems* (les unitats d'informació cultural que es transmeten culturalment, de manera anàloga als gens), les seues polèmiques amb Stephen Jay Gould o la seua pugna amb els creacionistes i els seguidors de la teoria del disseny intel·ligent.

En definitiva, un llibre farcit d'idees. I de noves cites, com ara aquesta proclama: "Alça't amb orgull, Simi Bípede. El tauró nada millor que tu, el guepard corre més veloçment, el falciot vola, el caputxí s'enfila més àgilment, l'elefant és més poderós i el roure més longeu. Però tu tens el do més important: el do de comprendre el procés despietadament cruel que a tots ens ha donat l'existència". I Richard Dawkins té el do de narrar-lo millor que ningú, d'esglaiar-nos amb la complexitat i la crueltat de la vida. Perquè no hi ha llibre de Dawkins —i no exagere— que no continga alguna cosa bona. Alguna frase, algun *mem*, que colonitze per sempre la nostra estremida memòria.

EXTRAORDINARI BARBELLION

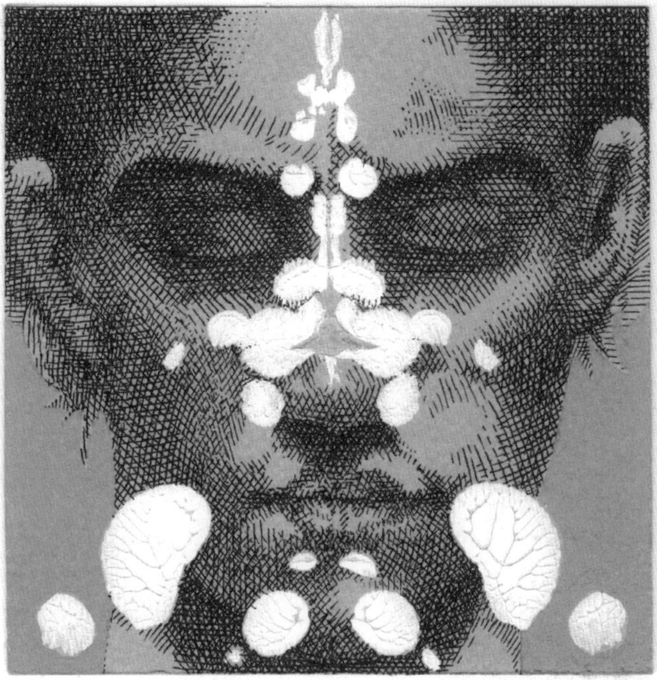

"Els fets son innegables: la vida és dolor. Cap sofisma podrà convèncer-me del contrari". La frase és de W.N.P. Barbellion, pseudònim de Bruce Frederick Cummings, i autor d'*El diari d'un home decebut*, un llibre que recomane amb entusiasme. Hi ha pocs diaris tan aguts i dramàtics, on la ciència i la cultura es desenvolupen tan conjuntament, i on la mirada del naturalista —Barbellion treballaria com a entomòleg en el Museu d'Història Natural de Londres— s'impose amb tanta duresa sobre la realitat de les coses. L'esclerosi múltiple, que aniria consumint-lo lentament, i al mateix temps una sàvia percepció de la vida, fan d'aquest diari un dels texts més emotius que he llegit.

Recordava el diari del decebut Barbellion, mentre avançava en la lectura de la novel·la *No m'abandones* de Kazuo Ishiguro, en la qual un grup de joves clonats espera que els arribe el torn per donar els seus òrgans. L'amarga soledat de la joventut condemnada a una mort prematura reuneix d'alguna forma aquestes dues obres, sens dubte molt diferents en la seua concepció, però al mateix temps amerades per un colpidor desencís. Però mentre que Ishiguro denuncia la falta d'ètica dels homes i, en definitiva, l'egoisme que regeix els actes humans, amb una ciència pusil·lànime i vil, Barbellion és més rigorós, i adverteix el lector: "Ací teniu les actes de la infelicitat. Quan parleu de la vida i de les seues recompenses, de la seua justícia i les seues penes, tot allò que digueu haurà d'encaixar amb tot açò".

Ishiguro desconfia de la ciència, d'un nou món més científic. En aquest sentit, la novel·la es crítica amb la investigació: "Vaig entreveure un món nou que s'aproximava veloçment. Més científic, més eficient. Sí. Amb més remeis per a les antigues malalties. Molt bé. Però més dur. Més cruel". Més cruel? Més dur? Sens dubte, Barbellion no hi estaria gens d'acord. I ací és on crec que exagera Ishiguro, amb aquesta percepció negativa —quasi apocalíptica— de la biotecnologia. Quan fa uns anys es va anunciar la clonació de l'ovella Dolly, la premsa anglesa sensacionalista es va omplir d'especulacions, i va arribar a dir que "la gent es clonaria per a produir dobles que servirien per a proporcionar òrgans sans i trasplantables". Un despropòsit que coincideix, més o menys, amb l'argument central d'aquesta novel·la.

No obstant això, com indica Arlene Judith Klotzko en l'assaig *Vols clonar-te? Ciència i ètica de la clonació humana*, algun dia aquests òrgans per als trasplantaments procediran d'animals clònics transgènics: "els porcs ens proporcionaran peces de recanvi per als cossos humans", diu Klotzko. Però també aquestes peces de recanvi podrien provenir de les nostres pròpies cèl·lules mare, allò que els científics denominen teràpia cel·lular. En qualsevol cas, els beneficis de la biotecnologia amb fins mèdics afavoriran molts malalts crònics. Potser Ishiguro hauria d'haver valorat més tot açò, així com les repercussions sensacionalistes que podia provocar la novel·la sobre les investigacions en cèl·lules mare i teràpia cel·lular. I les seues conseqüències sobre els malalts, entre ells els afectats per l'esclerosi múltiple.

Barbellion va morir amb tan sols vint-i-vuit anys; deixava una dona i un fill. El darrer apunt del seu diari diu: "No em suporte".

CAUTE, SPINOZA!

Caute! Això diu l'epitafi de Baruch Spinoza, en l'Església Nova de La Haia. *Caute!*, és a dir, "Precaució!". És una advertència estremidora, sobretot si sabem que el cadàver de Spinoza va desaparèixer poc després de la seua mort, i que en aquell nínxol ja no reposa ningú. I també que un vulgar delinqüent va furtar el cadàver de Sterne per a utilitzar-lo en les classes pràctiques de medicina de Cambridge (quin final grotesc per a l'autor del *Tristram Shandy*!): "Laurence Sterne fou enterrat al cementeri de

Saint-Georges, i el seu cadàver fou robat i venut al professor d'anatomia de Cambridge, Charles Collignon", llegesc en el preàmbul de la meua edició espanyola del *Viatge sentimental d'un anglès a França*. Ningú no sap, en canvi, què va succeir amb el cos de Spinoza, d'aquell filòsof tímid i discret, que es guanyava la vida polint lents, i que dedicava el seu temps lliure a resseguir els passos de Descartes.

Com escriu António Damásio, en el seu estudi *A la recerca de Spinoza*, hi ha en el filòsof alguna cosa que desconcerta i que impedeix una total comunió amb la seua persona. Encara així, els científics senten una estranya devoció per aquest filòsof, "menys llegit que celebrat" com digué Voltaire, sempre posant el dit a la nafra. I el llibre de Damásio és una bona demostració d'aquest afecte, més encara quan aquest neurobiòleg portuguès ha conquistat un reconegut prestigi, amb nombrosos premis i distincions. Per tant, el tàndem Spinoza-Damásio és molt atractiu, sobretot si d'aquesta interacció s'aconsegueix una aproximació a la gènesi de les passions humanes, tant des de la ciència com des de la filosofia. O en paraules de Damásio: "El propòsit és suggerir que la sublimitat d'allò espiritual està encarnada en la sublimitat de la biologia i que podem començar a comprendre el procés en termes biològics".

El repte és important. Les coses de l'esperit vistes des d'una perspectiva biològica i neodarwinista. No obstant això, de vegades fa la impressió que en aquesta obra s'ha intentat ajuntar dos llibres, un dedicat a la vida de Spinoza i l'altre a l'estudi de la maquinària cerebral de l'emoció i dels sentiments. Mentre que els capítols spinozians són exultants i commovedors (quina vida més trista la de Spinoza: la família perseguida a Portugal per judaïtzant i després ell mateix expulsat de la sinagoga de La Haia per les seues heretgies contra la religió jueva), en canvi les parts dedicades a l'estudi del cervell manquen d'aquesta força.

Quasi fa la sensació que a Damásio aquells capítols l'avorreixen una mica i que està desitjant tornar a la biografia turmentada de l'autor de l'*Ètica*.

En qualsevol cas, les seues opinions sobre Spinoza són interessants, i cal celebrar la seua aposta per unir ciència i filosofia. Quan descriu la visita a la casa del filòsof, i les seues "emocions" en la petita i misèrrima cambra en la qual va viure gran part de la seua vida, hi trobem pàgines brillants i estremidores. I com en aquella cambra varen nàixer tantes preguntes, que el filòsof intentava contestar: "No és coincidència —escriu Damásio— que la paraula *pregunta* aparega més d'una dotzena de vegades en *Hamlet*, o que l'obra comence amb una pregunta concreta: 'Qui hi viu'? Spinoza va nàixer en l'època de les preguntes". I com aquelles respostes posarien el filòsof contra les cordes. Spinoza considerava la Bíblia com un dipòsit de coneixences valuoses sobre la conducta humana i l'organització civil, però res més. Com escrivia Voltaire, sense dissimular el seu antisemitisme, ni el seu anticartesianisme:

> I, aleshores, un petit jueu, de llarg nas i pell pàl·lida,
> pobre, però satisfet, pensatiu i reservat,
> esperit subtil i buit, menys llegit que celebrat,
> amagat sota la capa de Descartes, el seu mestre,
> caminant amb passos mesurats, s'aproxima al gran ser:
> perdoneu-me, diu, parlant molt baixet,
> però, entre nosaltres, pense que no existiu.

Caute! Segurament, Spinoza no fou prou caut. I ara ningú no sap on són els seus ossos.

EL BESTIARI DE JOAN FUSTER

Joan Fuster sempre va interpretar la naturalesa a través dels llibres. Com la majoria de les coses. L'escriptor de Sueca fou un sedentari recalcitrant; res més aliè a ell que l'excursionisme i les efusions romàntiques davant de les excel·lències del paisatge. Potser tenia la naturalesa massa prop —Sueca està rodejada d'arrossars i ben a frec de l'Albufera de València—, i en la seua percepció de la diversitat de la vida sempre hi hagué un gest esquerp i mofeta, com si fóra un vell agricultor desenganyat, que no creu gota en les paraules dels ecologistes. En realitat, allò natural no li interessava, o li interessava ben poc: "La geologia esplèndida em deixa indiferent —va escriure en la dècada dels anys vuitanta—, veig el camp com una creació del treball dels homes, i m'inquieten les bestioles supervivents dels insecticides, dels 'animalicides' en general".

Per tant, el seu *Bestiari* cal llegir-lo des d'aquesta única perspectiva d'esperonar el joc de l'intel·lecte. Les balenes, els tigres, els castors, els llops, les oques, els hipopòtams, els crancs, les sépies, les puces, les mosques i altres parents que deambulen per les seues pàgines, ho fan des del mateix apriorisme que aquells animals, mig fantàstics, que omplien els bestiaris medievals i renaixentistes de Pierre de Beauvais, Thibaut de Champagne o Brunetto Latini. Clar que la moralitat de les faules és distinta, i les seues màximes van impregnades de la característica ironia fusteriana: "La naturalesa és sàvia, i de tant en tant s'equivoca", "En justa correspondència, els porcs i les anguiles són antisemites", "L'educació del gos consisteix a ensenyar-li qui és el seu amo. Com totes les educacions", "Passa una balena majestuosa, i un peix diu a l'altre: —Qui s'ha pensat que és? Goethe?".

I, tanmateix, es troba a faltar un coneixement més ampli de la naturalesa, inclús una percepció més moderna des del punt de vista biològic. Si els bestiaris de Prudenci Bertrana, Pere Quart o Josep Carner ja són tradicionals —o diguem que segueixen els passos del bestiari medieval, que tan bé ha estudiat Xavier Bellés—, aquest de Fuster no aporta molt més a la reflexió de la vida. És un divertiment que el mateix Fuster mai no va arribar a publicar, potser per considerar que, a pesar de tot, aquells "judicis" no acabaven de tenir el seu pes. A més, alguns aforismes tenen poc a veure amb les bèsties, almenys amb allò que popularment entenem per tals: "Carlemany solia gratar-se els collons molt sovint. Com tots els emperadors".

No obstant això, és l'embrió del que podia haver estat un nou llibre de sentències, i per tant, sens dubte, és una publicació interessant per a tots els seguidors de l'obra de Fuster. Però llàstima que no hi haja més "zoologia" (a pesar del subtítol tan significatiu amb què l'han adornat: *Quaderns de zoologia*). Sens dubte, Joan Fuster l'hauria ampliat, millorat i polit molt més abans de publicar-lo. Perquè com ja advertia el misantrop de Sueca: "Nàixer és alarmant". I això també és aplicable a la vida de tot nou llibre.

EN HONOR D'ASIMOV

Ja ho adverteix el crític Cyril Connolly, en un dels texts de la monumental edició de Lumen: "El periodisme ha d'aconseguir tot el seu impacte en la primera lectura, mentre que la literatura pot atènyer el seu efecte en la segona, puix va dirigit a un públic interessat i diferent". Per tant, l'article periodístic és *per se* efímer, la seua *raison d'être* resideix en la capacitat d'impactar el lector amb les primeres paraules, i per això —segons Connolly— aquests texts no resisteixen fàcilment la reimpressió, són fruit de les circumstàncies, dels diferents i circumstancials avatars del moment, i rellegits anys després denoten la seua inevitable caducitat.

Potser siga així, tot i que bona part de la literatura catalana té aquest origen prescriptible. Penseu en Eugeni d'Ors, Josep Pla, Joan Fuster, Pere Gimferrer o Quim Monzó (quin gran llibre és *El dia del senyor*!). Però, sens dubte, Connolly exagera (i la mateixa recol·lecció d'articles de Connolly és la millor prova): l'escriptor de periòdic a sovint persegueix donar un contingut unitari a les seues col·laboracions amb l'esperança de poder recuperar-les en forma de llibre. D'aquesta manera, amb freqüència sorgeixen nous treballs, insospitats i formosos, com ara les *Fórmules magistrals* de Narcís Comadira, una recopilació d'articles "gastroculturals" que, potser, sense la impel·lent necessitat de la columna setmanal, mai no hauríem conegut.

També els articles de Miquel Barceló sobre ciència-ficció, que publica mensualment en la revista *Tribuna de Astronomía y Universo*, pateixen d'aquesta temible circumstància de la premsa periòdica. I, tanmateix, a mesura que avancem en la lectura d'aquesta recopilació, ens sorprèn la unitat i el to: hi ha en aquests texts una jovialitat contagiosa que ens fa passar amb gust les pàgines. És un científic que es diverteix parlant-nos de ciència, de cinema i de ciència-ficció i, al mateix temps, descobrint-nos una terminologia enlluernadora i poc coneguda (com la nova ciència de la psicohistòria). Són reflexions lúdiques que reunides inciten a saber més i inclús creen una certa addicció. Però sobretot actuen de pont entre la ciència i el seu públic, animant els científics a practicar la divulgació i criticant amb duresa aquells que la menyspreen: "Algun lector recorda qui fou Chester Keefer? El més probable és que no. I això que fou el director científic del departament i responsable d'investigació que va expulsar Isaac Asimov de la Facultat de Medicina de la Universitat de Boston".

Vet ací la paradoxa: aquests articles per separat són efímers però el seu conjunt atresora un inesperat encant. Cyril Connolly, amb el seu característic mal humor, advertia que un bon article sols es recorda durant quinze dies. Però un llibre d'articles és una altra cosa. Pot ser immortal.

TEMIBLE CAJAL

Hi ha alguna cosa de gracianesca en Santiago Ramón y Cajal. Hi ha alguna cosa en el seu to, en la seua prosa, que em recorda molt l'autor del *Oráculo manual* i *Arte de ingenio*. Són dos caràcters forts, de llengua afilada i, sobretot, imbuïts de si mateixos. Tots dos aragonesos. Si Baltasar Gracián mai no va intimar amb ningú, i del seu pas per València sols va deixar records dolents ("Llevaban por cascabeles cabezas de valencianos", va dir de nosaltres, no sense una mica de raó), alguna cosa pareguda li va ocórrer a Cajal en les seues aventures i desventures de províncies. I si no em creieu, llegiu *Los tónicos de la voluntad*, si és possible en aquesta nova edició de Leoncio López-Ocón. Veureu com Cajal, literalment, no deixa canya dreta —o científic—, i com diu les coses pel seu nom.

Sens dubte, en molts dels caràcters "míseros de voluntad" descobrireu casos perfectament actuals. La universitat no ha canviat gaire, o potser és la mateixa naturalesa humana la que no ha evolucionat. Per tant, en aquesta taxonomia de professors indolents reconeixereu vells coneguts: hi ha els professors "contempladores" ("variedad morbosa muy frecuente entre astrónomos y naturalistas"), els "bibliófilos y políglotas" ("los síntomas de esa dolencia son: tendencias enciclopedistas; dominio de muchos idiomas, algunos totalmente inútiles"), els "megalófilos" (i ací per a il·lustrar aquesta temible aflicció cita precisament Gracián: "Todo se les va a algunos en comenzar y nada acaban; inventan, pero no prosiguen; todo para en *parar* [...]. Mate el sagaz la caza, no se le vaya todo en levantarla"), els "organófilos" ("reconócense enseguida por una especie de culto fetichista hacia los instrumentos de observación, fascinados por el brillo del metal como la alondra por el espejuelo..."), els "descentrados" ("¿Quién no recuerda generales nacidos para pacíficos burócratas o jueces de paz; profesores de medicina cultivando la literatura o la arqueología; ingenieros escribiendo melodramas...?"), i els "teorizantes" ("el teorizante es un perezoso disfrazado de diligente. Sin percatarse de ello obedece a la ley del mínimo esfuerzo. Porque es más fácil forjar una teoría que descubrir un fenómeno").

Quina sàtira més inclement! Com ridiculitza els seus companys, que tracta de putxinel·lis! Clarín al seu costat és un principiant i els seus *Solo*s, unes peces benvolents. Però, cal dir que té raó, que està carregat de raó, i que la universitat espanyola era (i és) prou a vessar d'aquests "míseros de voluntad". Però, és precisament això, el que alhora el fa antipàtic. No hi ha ni un bri d'humilitat. No obstant això, les seues paraules segueixen sent malauradament actuals: "Se ha dicho tantas veces que el problema de España es un problema de cultura. Urge, en efecto, si queremos incorporarnos a los pueblos civilizados, cultivar intensamente los yermos de nuestra tierra y de nuestro cerebro, salvando para la prosperidad y enaltecimiento patrios todos los ríos que se pierden en el mar y todos los talentos que se pierden en la ignorancia". Per tant, cal cultivar la ciència per a pertànyer als pobles civilitzats i, sobretot, per amor a la pàtria ("porque si la ciencia no tiene patria, sí que la tienen los científicos").

Però és cert, el problema d'Espanya —es veu una i una altra vegada— és un problema de cultura. Ortega y Gasset va definir Cajal com "uno de esos seres de una pieza, que nacen sin precursores, por generación espontánea" i Severo Ochoa va arribar a escriure: "Cómo surgió Cajal en el páramo científico de la España de su tiempo es para mí un milagro". Aquestes opinions han estat qüestionades pel professor López Piñero, que en la seua magnífica biografia sobre el científic aragonès dedica cent pàgines a la histologia anterior a Cajal a Espanya, i recupera els noms de Simarro, de Pelegrí Casanova, de Maestre de San Juan, de Juan Bautista Bru, i de tots els que l'ajudaren. Cajal no va sorgir del no res, inclús, en molts aspectes, fou fruit d'un moment brillant de la història de la ciència a Espanya. Aquesta és la reivindicació de López Piñero, el leitmotiv que anima les seues pàgines, escrites amb la seua característica i vehement erudició. Per tant, les coses potser no estaven tan malament com ens volien fer creure, entre ells el mateix Cajal.

El professor José María López Piñero també ens mostra un Cajal humà, amb els seus vicis i les seues passions, com ara el seu gust per l'esport i la gimnàstica, i esperonat per un fervorós nacionalisme espanyol: "L'estret enfocament centralista que va tenir sempre el seu espanyolisme, li va impedir comprendre la realitat cultural i els corrents culturals catalans. Això explica que en els seus *Recuerdos* expose com un fet positiu que 'hasta en las familias más modestas, las señoritas tenían a gala hablar castellano y consideraban el catalán cual dialecto casero, adecuado no más a la expresión de los afectos y emociones del hogar'". I el seu absolut menyspreu pel catalanisme el porta a dir: "¡Entonces los laboriosos catalanes amaban a España y a sus soldados!... Después... no quiero saber por culpa de quienes, las cosas parecen haber cambiado".

En fi, cal llegir Cajal. Admirable, cruel, impertinent, antipàtic, clarivident, injust, espanyolíssim... Temible Cajal!

LES BROMES DE WATSON

"Mai no he vist Francis Crick comportar-se amb modèstia". Aquesta és la primera frase del llibre *La doble hèlix* de James Watson, codescobridor —junt amb el mateix Crick!— de l'estructura helicoïdal de l'ADN. Com imaginareu, a Francis Crick no li va fer gens ni mica gràcia aquest inici satíric, ni moltes altres digressions amb les quals el seu company es desfoga alegrement. No obstant això, aquesta obra té el seu encant indubtable i una gràcia inqüestionable: hi ha en aquestes pàgines, en les descripcions dels ambients acadèmics de Cambridge, un ritme trepidant que remet a les novel·les universitàries de Kingsley Amis o David Lodge. Per tant, és un llibre que es llegeix d'una tirada, que diverteix, fascina i que, sobretot, relata els avatars que conduïren al descobriment de l'ADN, una de les grans fites científiques del segle xx.

La segona part d'aquesta obra era molt esperada. *Gens, noies i laboratoris* descriu el període immediat al descobriment de la doble hèlix, quan l'autor té vint-i-cinc anys i dedica el seu temps a intentar desentranyar l'estructura de l'ARN i la seua relació amb l'ADN. Però, en realitat, en aquesta obra els gens ocupen un paper del tot secundari i allò que realment importa a l'autor és detallar-nos les seues experiències amoroses. Com en les novel·les de Richardson, en les quals l'himen de la protagonista (Pamela o Clarisa) es manté intacte tot al llarg de centenars de pàgines a pesar de l'assetjament frenètic d'un comte o d'un marquès, i avances en la lectura impel·lit per saber com acabarà tot allò, de la mateixa manera en aquesta autobiografia allò que marca el ritme de la narració són les fantasies eròtiques de l'autor amb Christa (la filla del cèlebre evolucionista Ernst Mayr) i amb tot un nodrit elenc de "rosses de cabell llarg". Al davant de les impenitents temptatives de Watson, les seues ràpides referències a l'ARN manquen d'interès, obnubilats com estem per totes aquelles frustracions amoroses del bo de Jimmy.

Tot açò no invalida el text, en absolut. Així és James Watson, també conegut en els cenacles científics com el Calígula de la biotecnologia. El llibre està escrit amb soltesa, però qui vulga trobar ciència haurà de buscar-la en un altre lloc. Ací del que es tracta —per dir-ho així— és de mostrar-nos la vida d'un famós, que es dedica a lligar, a posar per a Vogue (amb l'objectiu declarat de poder lligar més), que gasta bromes i brometes (que detalla amb grans riures), que s'emborratxa amb Gamow (un físic molt notable, que crec que necessita un record menys frívol), i de pas a repartir unes quantes bastonades a alguns companys més seriosos (a Chargaff, Pauling, Rosalind Franklin i, és clar, a l'"immodest" Crick).

Però, com negar-ho, són unes pàgines entretingudes en les quals se'ns descriu l'ambient acadèmic de la Caltech, de Harvard i de Cambridge. Tanmateix, a sovint l'autor és enginyós sense arribar a descobrir el seu talent. Hi ha alguna cosa que falla, que grinyola, que desconcerta i que, al final, cansa un poc. I acabes preguntant-te si aquest senyor tan bromista realment va descobrir la doble hèlix. Però segueixes llegint —com amb la *Pamela* de Richardson— per a veure com dimonis acaba tot. Per pura morbositat.

EL FANÀTIC DALÍ

El crític d'art del *New York Times* Robert Hughes, en *A tota màquina*, evita parlar de Salvador Dalí. El seu desinterès és evident, sobretot quan estudia l'obra d'altres artistes, molt menys rellevants que el de Figueres, i deixa caure apreciacions com aquesta: "Els pintors no es feien rics si no era que, com Salvador Dalí, vengueren i traïren el seu talent". Caram! Què li ha fet el senyor de Portlligat al llepafils de Hughes! Sens dubte, les seues paraules són excessives, massa rigoroses, però, comptat i debatut, mostren una realitat indiscutible: Dalí compta tant amb partidaris entusiastes com amb sòlids detractors. No sabem encara amb seguretat quin lloc ocuparà en la història de l'art, si més o menys preeminent, però allò que resulta evident és que la seua trajectòria és cada vegada més objecte d'estudi, i des de diferents i inesperades perspectives, com per exemple respecte a Freud i la psicoanàlisi (curiosament Freud digué d'ell que era "el prototipus d'espanyol fanàtic"), o, com en el cas que ara m'ocupa, des del seu interès per la ciència.

Considerant el llibre *Dalí. Noves fronteres de la ciència*, publicat per la KRTU, el pintor de Figueres estava a l'última dels darrers resultats científics del seu temps, llegia les publicacions de divulgació i sobretot li agradava reunir-se amb els investigadors i conversar amb ells. Aquest volum d'articles constitueix una excel·lent demostració de com algunes de les seues obres tenen el seu origen en aquestes trobades amb científics. De les discussions amb el matemàtic Thomas Banchoff sobre la quarta dimensió s'originarà el *Crist de la creu hipercúbica* i de les converses amb James Watson sorgirà l'obra *Galadesoxyrribonucleicacid* (el loquaç Watson es va dirigir a l'hotel de St. Regis de Nova York, en el qual s'hostatjava l'artista, i li va deixar aquesta nota: "La segona persona més brillant del món desitja conèixer la més brillant"). I, com ens adverteix Ignacio Gómez de Liaño, l'interès de Dalí per la ciència es nodreix dels camps més diversos, com la morfologia animal i vegetal, les estructures moleculars dels àcids nucleics, la microfísica i les partícules elementals, la teoria matemàtica de les catàstrofes, la informàtica, la teoria de la deriva dels continents, la fotografia atòmica a través de microscopi amb efecte túnel, i inclús dels procediments de la cirurgia en la seua aplicació a l'estètica del rostre humà.

En molts pocs casos precedents s'aprecia amb tanta nitidesa la fructífera relació de l'art amb la ciència. Fins a l'extrem que Jorge Wagensberg és rotund en aquest aspecte: "Dalí fou un artista amb intuïcions científiques autèntiques". El talent de Dalí —a pesar de la picada de cresta de Robert Hughes— es basa també en aquella intuïció i curiositat científica. El mateix Dalí ho suggeria (en tercera persona, com Juli Cèsar): "Tot pintor pinta la cosmogonia d'ell mateix: Rafael pinta la cosmogonia del Renaixement, i Dalí pinta l'era atòmica i l'era freudiana". El surrealisme tingué un compromís molt fèrtil amb la física moderna, i Dalí fou el seu gran mentor.

Malauradament, tots sabem que això no és una actitud freqüent entre els apel·les del nostre temps. A quants pintors actuals els interessa la ciència? I quants d'ells la introdueixen de manera versemblant en la seua creació pictòrica? Dalí, en açò almenys, és un clar exemple que cal seguir.

LA LLUM DE FARADAY

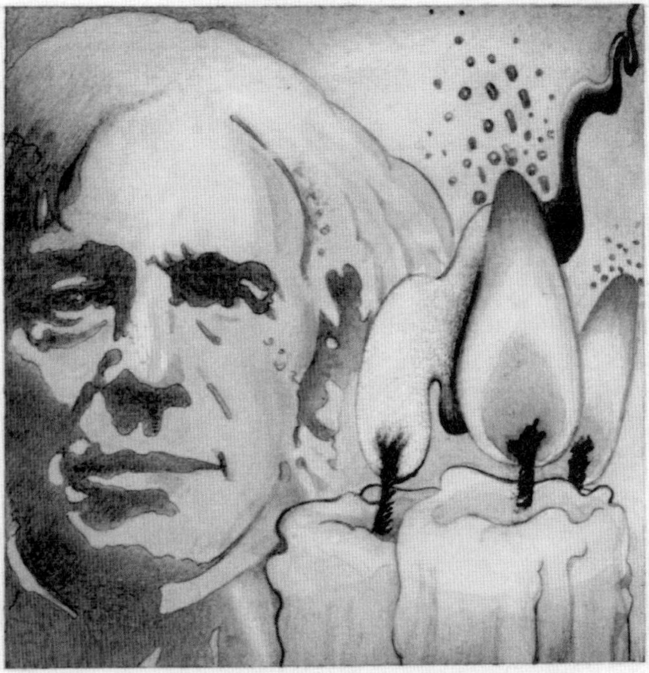

M'heu de creure: *La història química d'una espelma*, del senyor Faraday, és una autèntica joia. És una d'aquestes obres entranyables, senzilles i amables, que busquen millorar la seua societat. Michael Faraday era d'origen humil i, potser per això, sempre va conservar aquell entusiasme per enriquir intel·lectualment el poble, per canviar-lo, per descobrir-li el portentós misteri de la vida i de les lleis de la naturalesa. Hi ha pocs llibres científics tan intranscendents i, al mateix temps, tan formosos, tan plens, tan inesperats, inclús diria tan familiars i paternals. Faraday es dirigeix al seu públic —als seus xics— i prega que li presten atenció, que davant d'ells discorrerà tota la física i la química del moment, tots els seus principis i totes les seues equacions, les seues lleis i hipòtesis, i per a això tan sols utilitzarà una espelma.

Hi ha alguna cosa de prestidigitador en aquest Faraday, d'homenot de la cultura. *La història química d'una espelma* no és, en efecte, més que això: les elucubracions d'un científic —ell es denominava filòsof: la paraula *científic* la va encunyar William Whewell uns anys més tard— al davant d'una espelma encesa. Què hi ha en el fum? Per què produeix aigua? Per què la flama té aquest color? Què li esdevé a una espelma quan s'encén? Quins productes podem obtenir? D'aquesta manera, utilitzant un llenguatge senzill, va realitzant diferents experiències, espectaculars, sorolloses, inclús poètiques. Com la que denomina "l'espelma del filòsof": "Ací està la que en altres temps es va denominar l'espelma del filòsof. Es tracta d'un flascó amb un suro i un tub que el travessa. L'hidrogen format per l'acció del zinc i l'àcid sulfúric passa a través del tub de suro. Si col·loque una flama al final del tub, l'hidrogen cremarà. És una flama dèbil i ridícula, però la seua temperatura és tan alta que quasi cap flama ordinària desprèn tanta calor".

Aquest llibre és la transcripció d'una sèrie de conferències en la Royal Society, a les quals va assistir el més selecte i granat de la societat londinenca, inclosa la família reial. Per això en les paraules del científic hi ha aquella vehemència oratòria, aquell optimisme romàntic i contagiós tan propi del segle XIX: una actitud entusiasta i positivista, fins i tot un poc ingènua, que explotaren nombrosos divulgadors, des de Louis Figuier i els seus aparatosos llibres de meravelles de la ciència, fins als trucs de química i física de Tom Tit. Es buscava una ciència recreativa, divertir-se aprenent, esperonant l'intel·lecte, preguntant-se el perquè de les coses més quotidianes. I aquest llibre de Faraday s'emmarca perfectament en la seua època, quan la ciència era la solució inqüestionable per a assolir la felicitat i la concòrdia del món.

Conten que quan el ministre d'Hisenda va preguntar a Faraday, amb escepticisme, per la utilitat de l'electricitat, aquest li va contestar simplement: "Un dia, senyor, podrà gravar-la amb impostos". I, certament, tenia raó. Si llegiu ara aquest llibre us assegure que —almenys— mai més tornareu a veure de la mateixa forma una espelma. Que era el que perseguia aquest lluminós home de ciència. Despertar la virtut de la curiositat i omplir el món de la llavor de la filosofia.

FITZROY I ELS HOMES DEL TEMPS

Robert Fitzroy, el capità del *Beagle* i company de Charles Darwin, va consagrar els seus últims anys professionals a la meteorologia. La seua dedicació fou tan intensa que va arribar a publicar un parell de tractats sobre el temps i a realitzar la previsió meteorològica del *Times*. Fitzroy mai no fou un home amb sort, i a més a més va escollir la pitjor especialització científica perquè li somriguera la fortuna: de seguida els seus pronòstics es feren famosos a Anglaterra pels seus escandalosos errors. Inclús el mateix diari va començar a divertir-se a costa seua, i al final va optar per prescindir de les seues "profecies", perquè "no hi pot haver dubtes que quan l'almirall Fitzroy telegrafia, succeirà una cosa o una altra...".

Evidentment, tant la meteorologia com la climatologia han avançat molt des d'aleshores, però encara així aquesta situació d'incertesa sobre les vel·leïtats del temps segueix sent vàlida. No és fàcil saber com es comportarà el temps i sovint s'incompleixen les previsions. El llibre de Josep

Enric Llebot *El temps és boig?*, Premi de Literatura Científica que convoca la Fundació Catalana per a la Recerca, estudia els canvis climàtics dels darrers anys i els presenta des de la perspectiva del canvi global. No obstant això, des del primer moment, els resultats que el professor Llebot va exposant sorprenen per la seua ambigüitat: les aparents alteracions meteorològiques —sequeres, huracans, gelades, brusques variacions de temperatura— poden ser conseqüència tant del temut canvi climàtic com de pertorbacions naturals d'un període interglacial. Per tant, Llebot no es mostra massa alarmista: no hi ha suficient registre climàtic per a poder dilucidar si les alteracions responen a un model o un altre, i sobretot resulta molt arriscat "profetitzar" sobre com serà el temps en els propers anys.

Això no significa que el professor Llebot no denuncie i alerte sobre la destrucció mediambiental, ni sobre les seues possibles conseqüències. Per exemple, l'alteració del corrent termohalí dels pols podria produir una catàstrofe de dimensiones incalculables, una situació de conseqüències dramàtiques que fou recollida amb bastant veracitat en la pel·lícula *El dia de demà*. Tanmateix, quan Llebot es veu obligat a contestar si "el temps és boig" no sap molt bé què dir. És boig o no? I més boig que abans o sempre ha estat així d'intractable? Indubtablement la seua actitud és un exemple de probitat intel·lectual, de rigor científic, però sorprèn que la ciència es mostre tan incapaç de decidir si el clima ha enfollit o si les pertorbacions que observem són irrellevants en la llarga història de la terra.

En qualsevol cas, és ben possible que els errors de Fitzroy no foren tan greus. Clar que els pescadors anglesos s'embarcaven convençuts que tindrien un dia plàcid i es trobaven amb un vent huracanat i una mar embravida. També el *chevalier* de Lamarck va provar sort amb la meteorologia, i els seus pronòstics foren tan enganyosos que Napoleó Bonaparte no va acceptar un exemplar de la *Filosofia zoològica*, la seua obra cabdal, per la pèssima opinió que tenia dels seus *Anuaris meteorològics*. Però potser el temps sempre haja estat boig i la qüestió, en definitiva, consisteix a aclarir si ara ho és encara més. Ja ho advertia l'espavilat periodista del *Times*, que amb el temps sempre succeirà una cosa o una altra... Per a desesperació i impotència dels científics que li consagren les seues vides.

EL CAÇADOR DARWIN

Ja ho va advertir Eugeni d'Ors: "Darwin, un cas de vocació malaguanyada de *sportsman* i de caçador". I és així, Charles Darwin podria haver estat qualsevol altra cosa: metge, rector o inclús caçador. "¿No devem precisament els productes més importants de la història de l'esperit al fet d'un encreuament o d'una indecisió entre camins professionals?", argüeix D'Ors. En la vida de Darwin es va creuar el botànic John Stevens Henslow, que el va animar a embarcar-se en el *Beagle* i a realitzar una exploració al voltant del món. A partir d'aquell moment, Darwin va passar de col·leccionar escarabats a estudiar-los, de contemplar el paisatge a intentar entendre'l, i la seua curiositat científica va créixer en tan poc temps que al cap de pocs mesos d'embarcar-se "ja no li interessava la caça".

Aquesta sorprenent metamorfosi darwiniana l'explica el mateix autor de *L'origen de les espècies* en aquesta singular i deliciosa *Autobiografia*, publicada per la revista *Mètode*, amb traducció del professor Jaume Terradas. Presumptament Darwin la va deixar escrita perquè els seus fills la pogueren usar (una mena d'al·legat biogràfic amb el qual justificava les seues decisions, algunes tan polèmiques com la de l'evolució): "He intentat compondre el relat de mi mateix com si estiguera mort en un altre món i observara la meua vida en retrospectiva. Tampoc no m'ha resultat difícil, ja que la meua vida està pràcticament acabada. No m'he pres cap molèstia respecte al meu estil literari".

Certament, és el seu llibre més senzill, amb un estil explicatiu molt planer. Darwin és un bon divulgador i les seues obres han estat a sovint preses com a models retòrics per la seua capacitat de persuasió, efectiva i emotiva. Aquest llibre, per tant, és un simple, cordial i espontani resum de la seua vida, escrit al primer toc i sense repassar massa. Quan va morir, la família va decidir publicar aquest document com una autobiografia inèdita, però abans fou sotmesa a un procés de censura per part de la dona i dels fills, i fins l'any 1958, quan Nora Barlow, una de les rebesnétes de Darwin, va accedir al document original, no es va descobrir la manipulació.

Per exemple, la família Darwin féu tots els possibles per equilibrar les opinions religioses del científic, o per llevar-los acritud. La seua esposa, Emma Wedgwood, era una dona molt religiosa, seguidora dels unitaristes, i poc donada a les llibertats religioses del seu marit. En definitiva, eliminaren qualsevol bri d'agressivitat, i si bé els resultava impossible, sense adulterar grollerament la seua memòria, presentar-lo com a creient, almenys evitaren que les seues opinions més àcides i desenganyades veieren la llum. Com ara quan escrivia: "Ara em costa d'entendre com algú pot creure que el cristianisme és cert, ja que està clarament escrit que els homes que no hi creuen —i això inclouria el meu pare, el meu germà i molts dels meus millors amics— rebran un càstig etern. Aquesta és una doctrina detestable".

Aquesta és una doctrina detestable, afirmava Darwin del cristianisme. Sembla una opinió en excés impròpia d'algú que està soterrat a l'abadia de Westminster, a tocar d'Isaac Newton... Per tant, la família va eliminar aquest fragment, i altres en els quals hi havia un Darwin massa espontani i contundent: "Gradualment vaig arribar a veure que en el Vell Testament, amb la seua història falsa del món, amb la torre de Babel, l'arc de Sant Martí com a senyal, etc., i amb l'atribució que fa a Déu de sentiments de venjança propis d'un tirà, no s'hi havia de creure més que en els llibres sagrats dels hindús o en les creences de qualsevol poble bàrbar".

En aquesta *Autobiografia*, Darwin també explicava les seues dificultats de dedicar-se a l'estudi de la natura, i les dures crítiques paternes davant dels seus mals resultats escolars: "No t'importa res que no siga la caça, els gossos i matar rates, i seràs una desgràcia per a tu i per a tota la teua família". Darwin va canviar la caça per l'estudi de la naturalesa, i amb aquell canvi va fer trontollar la visió del món. Per molt que la seua família ho intentara dissimular, amagar o fins i tot transmutar, el salt kierkegaardià s'havia consumat i el seu progenitor va endinsar l'home en la foscor dels nostres orígens. Un Darwin que paga molt la pena llegir, descobrir i, és clar, defensar a ultrança.

HETERÒCLIT LOVELOCK

Guy de Maupassant, en el seu conte *La petita Roque*, realitza una curta però excel·lent descripció d'un grup d'anglesos: "Eren simples i valents xiflats, d'aquells eterns errants amb què l'Anglaterra cobreix el món". I sovint, quan llegesc Sterne, Swift, Wilde o Pater, pense en la frase de Maupassant i com aquella illa ha cobert el món de personatges tan fascinants com tocats del barret.

James Lovelock pertany a aquest club de l'heterodòxia. El creador de la teoria Gaia és un dels científics més criticats i, alhora, com ell mateix afirma amb satisfacció, dels més llegits. Actualment, la major part de la comunitat científica accepta que els éssers vius tenen un significatiu impacte en la composició de l'atmosfera i dels oceans, i que aquests, al seu torn, es veuen influenciats per aquests canvis. És a dir, que es produeix un complex equilibri entre la vida i l'atmosfera del nostre planeta. No obstant això, "contemplar la terra com un planeta viu" és tota una altra cosa, i molts investigadors de prestigi consideren aquestes idees de Lovelock més poètiques que reals.

En qualsevol cas, *Homenatge a Gaia* és un llibre recomanable, tant per a un lector convencional, com per al més escèptic dels científics. Lovelock, en aquestes memòries, no descuida ni un sol detall i desgrana totes les seues peripècies vitals fins arribar al feliç dia de la "revelació". Però no estem davant d'un científic comú: Lovelock és un químic i un bacteriòleg brillant, amb un extens i selecte currículum. Per tant, les seues memòries no sols parlen de Gaia, sinó també de com es forja un científic, de les seues intuïcions anteriors, dels seus fructífers invents, dels seus èxits i de la seua lluita per mantenir sempre la seua independència.

Malgrat això, hi ha alguna cosa en el to general del llibre que el fa un poc enutjós. D'entrada, el lector està ben disposat a intimar amb un d'aquells heteròclits maupassanians. Però la prosa de Lovelock no aconsegueix captivar, sempre manté distanciament i rigidesa, i això a pesar de no escatimar anècdotes íntimes i insòlites, com ara les seues masturbacions escolars en grup, les seues ereccions en les sessions de nudisme ("intentava ocultar el meu fal·lus erecte i ansiós"), la seua pertinença als quàquers o el seu matrimoni sense amor (i la desfloració de la seua muller!). Tot allò acompanyat d'abundants digressions, a l'estil de Thomas Bernhard: "Estic convençut que un bon col·legi o una bona universitat són aquells que han estat beneïts amb uns bons estudiants. Els docents no tenen tanta importància".

Per tant, una vegada llegides aquestes memòries, no estem gens segurs de si reforcen o debiliten la seua teoria de Gaia. Lovelock, des de la seua extravagant visió del món, ens confon i si bé detectem nombroses proves de la seua genialitat, hi ha molts altres detalls que ens desconcerten, entre ells el seu bel·ligerant antiacademicisme. A més a més, cal afegir allò que el cèlebre biòleg John Maynard Smith va dir de Gaia: "Quin nom més espantós per a denominar una teoria!". En fi, un bon tema per a una educada i fructífera controvèrsia científica.

LES FORMIGUES DE RÉAUMUR

La Fontaine va fer de la formiga un ésser avar i burgès. I l'home davant d'un formiguer —aquella "fourmillante cité"—, se sent sorprenentment identificat. Però el primer investigador que va decidir estudiar-les amb serietat fou René Antoine Ferchault de Réaumur. La sort és un element més de la ciència i Réaumur, a pesar dels seus esforços, de les seues incomptables investigacions, de la seua exigència i bon judici científic, fou decididament un home sense sort. Va inventar un termòmetre (els graus

Réaumur), però l'escala de temperatura de Celsius i de Fahrenheit han tingut més èxit; i sobretot fou l'autor d'una monumental, superba i inacabable *Història dels insectes*, però va tenir la desgràcia de coincidir amb el comte de Buffon, el seu adversari científic, que detestava els insectes perquè deia que no servien per a res.

Per tant, el llibre *Història natural de les formigues* constitueix una autèntica primícia en el nostre país. Forma part d'un manuscrit que l'autor no va arribar a publicar, i que tenia com a destí integrar-se en la seua enciclopèdia dels insectes. En aquest text, divulgatiu i senzill, ben escrit, però sense aquella intenció estilística que caracteritzaria Buffon, Réaumur decideix contar tots els seus experiments: "No m'hauria proposat menysprear les formigues, o privar-les de la glòria que han adquirit pacíficament des de temps immemorial, si no m'haguera vist obligat a fer-ho per proves irrefutables". I quina glòria havien adquirit pacíficament fins aleshores les formigues? Doncs d'éssers especialment laboriosos (transportant grans al formiguer per a alimentar-se a l'hivern), que honren els morts i construeixen cementeris, que són modests i amb una moralitat admirable. Reáumur cita com a exemple de tota aquella credulitat el llibre de Thomas Moufet *Teatre dels insectes*, una obra publicada l'any 1634 on escriu l'autor anglès: "Què pensarem del seu sentit del pudor, que fa que sols en l'obscuritat cedisquen a la inclinació de reproduir la seua espècie, sense deixar-se temptar mai durant els dies que tenen establerts per al treball? El seu odi a les cigales i a la rata cellarda és implacable, perquè les primeres passen l'estiu cantant, i les darreres l'hivern dormint".

Réaumur, en canvi, exposa les seues proves irrefutables, i desfà aquests errors. Ni la formiga odia la cigala, ni tampoc la rata cellarda. També demostra que no construeixen graners (poques vegades mengen grans), que els grans que transporten fins al formiguer tenen per objectiu formar part dels murs de les galeries i que, en definitiva, la laboriosa formiga passa molta gana en hivern, a pesar d'allò anunciat a bombo i platerets per la faula de La Fontaine. També estudia la biologia de les diferents espècies franceses, la seua morfologia i la forma dels formiguers. En molts aspectes, és el precursor del gran Fabre, un treball acurat i preciós.

Aquesta edició, realitzada per un grup de mirmecòlegs de Madrid i Barcelona, és un bell homenatge a aquest científic. El llibre va acompanyat de nombroses notes, que destil·len entusiasme i dedicació. Llàstima que la maquetació siga massa autodidacta i que les il·lustracions modernes desentonen amb el to del segle XVIII. Potser haguera estat millor incloure-hi imatges més o menys contemporànies de l'autor, inclús algunes il·lustracions de Charles Bonnet, el naturalista ginebrí —que no genovès, com es diu al llibre— que va descobrir la partenogènesi en els pugons, i que com indiquen els editors va mantenir una important correspondència amb Réaumur.

En qualsevol cas, alegra trobar obres com aquesta. Voltaire, que tenia gelosia de Buffon, es va decantar per Réaumur i li va dedicar uns versos: "*Réaumur, a percé tant de fois la nuit de la nature*". En això, el nostre il·lustrat entomòleg va tenir una mica més de sort. Perquè, en el fons, a Voltaire mai no li interessaren gaire els seus treballs. I a poc a poc Réaumur ha caigut en l'oblit, a pesar de la seua passió, de les seues "proves irrefutables" i d'haver il·luminat tants punts desconeguts de la nit de la naturalesa.

EL FRAU DE FREUD

El doctor Freud declarava en una entrevista: "No sóc realment un home de ciència, ni un observador, ni un experimentador, ni un pensador. Per temperament, no sóc més que un conquistador [...], amb la curiositat, la gosadia i la tenacitat pròpies d'aquest tipus de persones". La confessió freudiana no pot ser més actual, ara que fa poc que s'han celebrat els cent cinquanta anys del seu naixement. Freud no fou un científic (la seua "ciència" manca de metodologia i rigor empíric), ni tan sols un observador i experimentador pacient. Freud fou, com ell mateix ho indica, un "conquistador", que va aconseguir —amb gosadia i tenacitat— construir una de les escoles més influents del segle xx.

Sovint, quan s'aborda la figura freudiana es produeixen friccions entre els seus fervorosos partidaris (psicòlegs, sociòlegs i filòsofs) i els seus crítics detractors (neuròlegs i biòlegs evolutius). L'editorial del diari *El País* (*Freud nos mira*), en el qual es defèn la figura de Freud, entre altres motius, per tot el que ha donat a l'art i a la literatura del segle xx, clarament ha estat escrit per un dels seus acòlits incondicionals, que no dubta a conduir el seu entusiasme fins a la següent comparació: "De la mateixa manera que tot el pensament culte del segle xx està impregnat de marxisme, quasi qualsevol diagnòstic actual sobre els desequilibris d'un veí incorpora el llenguatge de Freud".

Horace Judson, en *Anatomia del frau científic*, dedica unes pàgines realment sucoses al pare de la psicoanàlisi. En un extens volum, demostra que són molts els científics que en el moment de presentar els seus resultats els maquillen per tal que semblen més versemblants. Figures com Newton, Darwin, Haeckel o Pasteur, en algun moment falsejaren les dades, o almenys les trucaren perquè resultaren més vistoses i creïbles. Però en el cas de Freud l'assumpte és molt més greu: "El pare de la psicoanàlisi —escriu Judson— va insistir sempre que les seues teories i els seus mètodes es fonamentaven en les investigacions que havia portat a terme estudiant casos reals (...). Freud va desenvolupar la hipòtesi que les dones malaltes d'histerisme havien estat víctimes, durant la seua infantesa, de seducció sexual real per part d'un adult. Durant una conferència, va asseverar que la seua teoria havia quedat confirmada amb 'uns divuit casos'. Allò vertaderament nou és el descobriment que els casos exposats per Freud són falsos des del primer fins a l'últim".

En efecte, els "divuit casos" foren totalment inventats. Com indica Judson, no n'hi ha, entre les històries clíniques referides per Freud, cap que no haja perdut la seua validesa a causa d'intolerables invencions i falsificacions. En aquest sentit, Freud és el frau intel·lectual més gran del segle xx. Les seues teories psicoanalítiques han constituït un llast molt feixuc per a l'estudi científic de la naturalesa humana, i molt especialment per a la investigació del cervell. Una idea que Peter Medawar va denunciar amb contundència en *L'esperança del progrés*: "Considerada en la seua totalitat, la psicoanàlisi no funciona. És, a més, un producte acabat, com un dinosaure o un zepelí; mai cap teoria millor podrà erigir-se sobre les seues ruïnes, que quedaran per sempre com una de les més tristes i estranyes fites en la història del pensament del segle xx".

Freud ens mira, deia l'editorial d'*El País*. Sí, sens dubte. I potser també se'n riu. Com ens va enganyar!

L'INCOMPARABLE THOMAS BROWNE

Sobre errors vulgars és un llibre que estime. Hi ha lectures que t'acompanyen al llarg del temps, que s'acomoden en algun lloc de la memòria i a les quals regresses reiteradament, buscant una anècdota, una observació, una sentència. Thomas Browne és el mestre dels assagistes anglesos, qui —com ja fera Galileu amb el toscà— va fixar la llengua de Shakespeare. "El coneixement s'obté mitjançant l'oblit; i per a adquirir un conjunt clar i segur de veritats, cal oblidar-nos i separar-nos de gran part del que sabem", escriu en la introducció d'aquest llibre, aparegut per primera vegada l'any 1646. I és ben cert; ja ho va advertir Feijoo en el *Teatro crítico universal*: "La naturaleza de las cosas lleva que en el mundo ocupe mucho mayor país el error que la verdad".

Per tant, Browne utilitza la seua vasta erudició per a repassar aquest gran país de l'error. I de quins errors ens trau? Doncs que l'home té una costella menys que la dona, que el castor s'arranca amb les dents els testicles per a fugir del caçador, de la creença que el cristall no és sinó gel fortament congelat, que els homes ofegats floten el novè dia quan se'ls trenca la vesícula (les dones boca avall i els homes en posició supina), que les cigonyes sols viuen en repúbliques i estats lliures o que si un llop veu primer un home li provoca mutisme... Browne repassa les obres dels autors llatins (sobretot Plini i Claudi Elià), i s'entreté demostrant la falsedat de moltes de les observacions que s'hi recullen. Incloent-hi, és clar, la seua opinió sobre aquestes, i caient d'alguna manera al seu torn en l'error, per exemple quan parla dels melics d'Adam i Eva: "¿És possible que en la seua primera i més aconseguida peça el Creador posara superfluïtats i creara parts sense ús i ofici?". Per aquest motiu, segons Browne, Adam i Eva no tenien melic, per ser fills directes del Suprem Faedor.

Com indica l'editor, hi ha alguna cosa en aquesta obra que recorda els *Errores celebrados* de Zabaleta. Però Browne és menys esquerp, més il·lustrat. Zabaleta carrega contra les dones i els poetes ("La naturaleza no supo cómo hacérsela sufrir [la mujer] mucho tiempo al hombre si no fue atándosela a la garganta con el matrimonio"). En Browne no hi ha aquestes grotesques digressions; inclús la seua actitud sempre és de concòrdia i diàleg, per exemple en les llargues pàgines que dedica a demostrar que... els jueus no fan pudor. I com que les dades que va exposant es contradiuen, conclou amb elegància: "És criteri perillós annexar una propietat constant a qualsevol nació, i molt més aquesta als jueus, ja que aquesta qualitat no és verificable per l'observació, puix són dèbils les bases que haurien d'establir-la, i, al capdavall, encara si totes foren veritat, per les raons exposades no són suficients per a mantenir-la".

No és estrany que Borges fóra un dels seus lectors més fidels: "Yo quería ser Quevedo o sir Thomas Browne o Leopoldo Lugones y tantos otros... En el presente me resigno a ser Borges. ¿Qué otra cosa puedo hacer?", va dir en una conferència. Molts volgueren ser Browne, entre ells Feijoo. Aquest fou, i segueix sent, un error prou comú.

MAYR, EL VELL PROFESSOR

Sol passar que alguns noms importants no són populars. En la història de la biologia, el d'Ernst Mayr —com el de Dobzhansky— és una referència obligada. L'obra de Mayr no és mediàtica, la seua prosa serena, freda, és poc vistosa, i les seues idees reflexives i equilibrades provoquen poca confrontació. Mayr no ha estat polèmic com Richard Dawkins o Edward O. Wilson, ni ha sigut protagonista de nous models biològics com Stephen Jay Gould o Lynn Margulis. Aquest professor de Harvard, elegant i sobri, ha passat gran part de la seua vida analitzant el concepte d'espècie, i intentant acotar què implica aquest terme, i estudiant altres problemes d'índole biològica i filosòfica. Ha sigut un savi de la biologia ("el Darwin del segle xx", diuen en la solapa del llibre), i la seua obra *El creixement del pensament biològic* és un llibre de consulta molt útil, una vertadera fita de la història de la ciència.

Per tant, estem davant d'un teòric de la biologia, que no escriu per al gran públic, però que s'entén sense massa esforç per la seua gran capacitat de concisió i de claredat. El seu assaig *Per què és única la biologia* està escrit per a ser llegit lògicament per biòlegs, però alhora és vàlid per a filòsofs i pensadors. Mayr és modèlic en el moment de plantejar les seues idees, i el seu ritme d'exposició, sense circumloquis ni digressions, resulta enlluernador. Podríem dir que és una mica azorinesc en la seua sobrietat. I en aquest llibre Mayr planteja l'autonomia de la biologia enfront d'altres ciències, però també recupera els temes centrals de la seua investigació: el concepte d'espècie, les idees de Darwin, les revolucions científiques de Kuhn (que critica amb contundència)...

El llibre acaba amb un parell de texts finals que interessaran qualsevol lector: sobre l'origen de l'home i la vida extraterrestre. En aquest últim aspecte Mayr es mostra molt poc optimista sobre les possibilitats de vida extraplanetària (contràriament al que opinen els astrònoms), i més encara que aquesta puga ser intel·ligent: "La vida es va originar sobre la Terra uns 3.800 milions d'anys enrere. El llinatge homínid es va desenvolupar fa uns sis o set milions d'anys, i l'alta intel·ligència en fa menys de tres-cents mil. Açò demostra com d'infinitesimal era la probabilitat que succeira alguna vegada". Per tant, Mayr proposa que els esforços que es realitzen en la recerca de vida extraterrestre es redirigisquen a estudiar i protegir els ecosistemes del nostre planeta. Al seu parer, seria molt més sensat.

Llegiu el vell professor. Va morir fa poc, quan estava a punt de complir cent un anys. Llegiu-lo i entendreu per què és tan gran. Ernst Mayr fou únic en la seua espècie.

LA MÀ DE GOULD

Si has sentit sovint el desig d'endinsar-te en l'assaig científic però mai no has trobat el moment de ferho, i si reconeixes que la lectura de ciència és fonamental per a la teua formació intel·lectual però no saps per on començar, et recomane amb entusiasme aquesta meravella de Stephen Jay Gould. Segurament, *El polze del panda* és el llibre més espectacular d'aquest paleontòleg, i la seua lectura constitueix sempre un agradable descobriment. Gould teixeix els seus assaigs amb l'ajuda d'una erudició enlluernadora, introduint amb encert i naturalitat els noms de científics, escriptors, artistes, filòsofs i, de tant en tant, dels seus estimats jugadors de beisbol.

Però el gran protagonista de l'obra de Gould és Charles Darwin. En tots els seus llibres, des del primer titulat precisament *Des de Darwin*, hi ha una constant al·lusió a l'obra del naturalista. Tot és, en efecte, des de Darwin, i tot —o quasi tot— es construeix, o reinterpreta, d'una altra manera des de la publicació de *L'origen de les espècies*. Potser per tot això, els llibres de Stephen Jay Gould són tan interessants i reconfortants, perquè sorgeixen des d'aquella admiració per la naturalesa i per aquell home que es va entossudir a entendre-la. Són, en definitiva, un vertader homenatge a la figura del naturalista més important de tots els temps.

En el primer article d'aquest llibre, i que li dóna títol, Gould ens explica la raó dels sis dits de la mà de l'ós panda, i com aquest dit de més és una grollera transformació i un engrandiment d'un os del canell. D'aquesta manera, arribem a la primera lliçó que impregna tota l'obra: "La naturalesa és una magnífica potinera, no un artífex diví". És a dir, els éssers vius no són obra d'un enginyer, sinó més aviat —com bé va advertir François Jacob en *El joc dels possibles*, un altre llibre molt recomanable— són el producte d'un ferrer que reutilitza les peces amb finalitats diverses. Una percepció de la naturalesa que constatem de nou en els següents assaigs, que es consagren a les tortugues, als àcars, a les cloïsses, als bernats ermitans, als dinosaures i, molt especialment, a l'espècie humana. Tot allò acompanyat d'articles sobre història de la ciència, com ara *Barrets amples, ments estretes* (un text divertit sobre la diferència de grandària entre els cervells de Cuvier i d'Einstein), o el dedicat al frau de Piltdown, en el qual sorprenentment assenyala el teòleg Teilhard de Chardin com a possible inductor d'aquell engany.

Durant quasi trenta anys, Gould va publicar un article mensual en la revista *Natural History*, fins que va morir per un càncer en juliol de 2002. Des d'aleshores ningú no ha tornat a igualar la delicadesa i la profunda transparència de la seua prosa científica. El poeta Miguel Hernández va escriure que la mà és la ferramenta de l'ànima, i, sens dubte, la mà de Gould va deixar ben immortalitzada la fisonomia de la seua ànima. Quin polze més prodigiós: el del panda i el de l'enyorat Stephen Jay Gould!

LA VIDA D'OPARIN

Hi ha noms que ressonen amb una força flamígera i el d'Oparin n'és un. El seu llibre *L'origen de la vida*, que va publicar en la col·lecció *El Treballador Moscovita* l'any 1924, per a adoctrinar les masses obreres, encara reté molt d'aquell entusiasme amb què els marxistes volien canviar el món. Oparin va posar la ciència al servei de la seua societat i va intentar convèncer els seus conciutadans que "és possible explicar l'origen de la vida basant-nos en tot moment en fets científicament demostrats". Si Charles Darwin havia proposat que l'home era el resultat de l'evolució d'un grup de primats, Oparin es va proposar demostrar que l'origen de la vida també calia buscar-lo en fenòmens naturals d'explicació fisicoquímica. I escriu a la introducció: "Què és la vida? Com han aparegut els éssers vius que ens envolten? La resposta a aquestes preguntes constitueix un dels problemes més grans de les ciències naturals. Conscientment o inconscientment, tots els homes, siga quin siga el seu nivell de desenvolupament, es plantegen aquestes preguntes i, mal o bé, li donen una resposta. Sense respondre a aquestes preguntes, no hi pot haver cap concepció del món, ni tan sols la més primitiva".

Sense respondre a la pregunta de què és la vida no pot haver-hi cap concepció del món, ens adverteix Oparin. Aquest llibre és una joieta, una obra de lectura fonamental i d'idees colpidores i atractives. Evidentment, molts dels conceptes han estat superats, i algunes de les coses que es diuen tenen altres matisos, però encara així la seua lectura resulta sorprenentment actual. Perquè, com suggereix Juli Peretó en la introducció, els problemes amb què s'enfronten els bioquímics a hores d'ara són pareguts amb els que va haver de bregar Oparin. Sens dubte, el descobriment de Stanley Miller de la síntesi d'aminoàcids va obrir un nou camí, però encara així persisteix la incògnita de com i on es va originar la vida. En certa manera, Oparin era massa optimista i estava convençut que la resposta estava molt propera: "Tot un exèrcit de biòlegs estudia l'estructura i l'organització de la matèria viva, mentre que un nombre no inferior de físics i químics cada dia revela propietats noves de la matèria inerta. Com dos grups de treballadors que perforen dos extrems oposats d'un túnel, persegueixen el mateix objectiu".

No obstant això, aquests dos "exèrcits", després de més de vuitanta anys de perforació, encara no s'han trobat. El túnel era molt més llarg i tortuós del que es pensava... Quina desil·lusió tindria Oparin! Més prudent fou John Burdon Sanderson Haldane, autor d'un breu assaig titulat *L'origen de la vida*, i que tanca aquest llibre. Haldane, de formació marxista, ha estat un dels biòlegs britànics més brillants del seu segle. En el seu assaig és més prudent: fou el primer a utilitzar la imatge metafòrica de la "sopa primitiva", i si per a Oparin la vida vindria de l'aparició de materials col·loïdals, Haldane propugna el seu inici a partir de l'evolució de molècules orgàniques d'estructura pareguda a la dels virus. Però adverteix: "No em pareix que la síntesi d'un organisme pròpiament dit es puga assolir en segles". I, de moment, té raó, tot i que possiblement estem ja a un simple pas de fer-ho.

"Què és la vida?", es pregunten els germans Goncourt en el seu *Diari*. "El fruit d'una agregació de molècules", contesten. Ah, si fóra tan senzill!

LES CARTES DE FEYNMAN

"Tardan las cartas y son poco/ para decir lo que uno quiere", va escriure Jaime Gil de Biedma a l'inici d'un dels seus poemes. I és cert. En els nostres dies, les presses —i el correu electrònic— han condemnat irremissiblement el gènere epistolar. La correspondència de Voltaire o la de Joan Fuster (per citar dos exemples en els quals l'edició "pòstuma" de les seues cartes supera l'obra literària "àntuma"), són avui en dia quasi inimaginables. S'escrivia amb l'afany de comunicar-se, però al mateix temps de crear una obra paral·lela i de seguir fent d'alguna manera literatura.

En canvi, excepte en l'obra de Charles Darwin, hi ha pocs exemples rellevants de correspondència científica. Els científics —ja se sap— escriuen poc i malament, i les seues cartes (amb les excepcions que vulgueu) tenen poc valor, a part de l'estrictament biogràfic. Per tant, la recopilació epistolar del físic Richard P. Feynman constitueix una agradable excepció. Sobretot perquè hi ha en aquestes cartes un optimisme indoblegable, una passió desbordant, una actitud vital contagiosa i exultant. Fins al punt que l'adjectiu que més trobem és "divertit"; a Feynman tot —o quasi tot— li pareix condemnadament divertit, des dels problemes matemàtics, quan estudia a Princeton, fins a altres detalls més domèstics: "Abans-d'ahir va venir a la nit un col·lega i vàrem prendre te i galetes. Ara puc bullir aigua molt bé perquè vaig comprar un cassó amb tapa. És molt divertit".

A pesar d'algunes ingenuïtats de joventut, aquesta correspondència es llegeix amb interès, perquè explica la forma de fer ciència d'un dels protagonistes del segle xx. D'un científic que en la seua joventut va treballar a Los Álamos, en el projecte Manhattan dirigit per Oppenheimer (a qui anomena Oppy), i que anys més tard va guanyar el premi Nobel per la seua contribució a la creació de l'electrodinàmica quàntica. Però que, per sobre de tot, fou molt popular per la seua activitat divulgativa i per participar en el programa de televisió *El plaer de descobrir*. Molts joves li escrigueren aleshores demanant-li consell sobre com encarrilar els seus estudis, i és en aquests moments en què descobrim el Feynman més atent i paternal, una mica rilkeà, dirigint els estímuls creatius dels seus seguidors. Té cartes molt belles, com la d'una fan que li confessa que està enamorada d'ell, que és el seu "feyn-man", o quan contesta a un admirador "perquè el sol es veu vermell cap al tard". També hi ha alguna carta crítica, com la d'un jove de quinze anys que li pregunta quins foren els motius personals per a treballar en la bomba atòmica: "Principalment ho vaig fer —contesta amb contundència— pel temor que els nazis la fabricaren primer i conqueriren el món".

En definitiva, és una correspondència atípica, amb algunes cartes molt íntimes i dramàtiques (com les que escriu a la seua primera dona, malalta de tuberculosi), però que sempre ens presenten un científic de gran humanitat. Asseguren que les seues últimes paraules foren, després de sortir breument d'un estat de coma profund: "No m'agrada morir dues vegades. És molt avorrit". Certament, morir dues vegades no ha de ser gens divertit.

ELS TRILOBITS DE FORTEY

Quan li preguntaren a John Burdon Sanderson Haldane què pensava de Déu, va contestar sense dubtar-ho: "Que té una increïble afició pels escarabats". La resposta hauria estat igual de vàlida si en lloc d'escarabats haguera dit "trilobits". Perquè si els escarabats constitueixen un dels grups més rics i variats dels insectes, els trilobits són quelcom paregut en la fauna del Càmbric. I si hi ha coleopteròlegs que dediquen la seua vida a l'estudi de la infinita varietat d'escarabats, també hi ha paleontòlegs per als quals els trilobits són "el centre del món".

I entre ells es troba Richard Fortey, investigador del prestigiós Museu d'Història Natural de Londres. El seu llibre *Trilobits!* no defrauda perquè, com adverteix l'autor, aconsegueix que el lector veja el món a través dels curiosos ulls d'aquests éssers. I el món que ens descobreix Fortey és aquell cosmos increïble de la fauna del Càmbric, amb organismes vertaderament admirables, inversemblants i inquietants. Entre ells, els mateixos trilobits, amb noms tan curiosos com *Opipeuter inconnivus* (que significa "aquell que observa sense dormir" i al·ludeix als seus ulls grossos), *Agnostus pisiformis* ("el desconegut d'aspecte de pèsol"), o la gran estrella del Paleozoic, batejada com *Paradoxides paradoxissimus* ("la paradoxa més paradoxal").

Per tant, aquesta obra té la gran virtut de parlar-nos d'un món molt llunyà i fer-ho d'una manera alhora propera i comprensible. A mesura que avancem en la lectura, aquells éssers tan estrambòtics ens van resultant cada vegada més familiars, i al final no són molt més paradoxals que una gamba o un escorpí. La vida és meravellosa, i aquest llibre és dels que crea paleontòlegs: després de la seua lectura abelleix eixir al camp a colpejar uns quants estrats amb un martell de picapedrer, a veure si tenim sort. I si la tenim i aflora un fòssil —i més si és un trilobit!—, aleshores l'embruix ja és per sempre.

Aquest embruix és el que ens descriu Fortey, el plaer de descobrir restes del passat, i l'enamorament del "primer trilobits". El seu entusiasme és tan fogós que de vegades fa ús d'imatges un poc sorprenents, com quan per parlar del cos moll que oculta la carcassa, durant molt de temps desconegut, estableix la següent comparació: "El trilobit era com una patena sense l'hòstia durant l'eucaristia, un contenidor que mancava del seu significat total". Es comprèn que, amb tanta passió enfervorida pel mig, els fans dels trilobits i de la fauna del Càmbric tinguen de vegades entre ells les més furibundes batusses, per exemple, entre el creacionista Simon Conway Morris i Stephen Jay Gould. Fortey cita Darwin, i la seua precaució per a no entrar en picabaralles amb companys: "M'alegre d'haver evitat controvèrsies i això li ho dec a Charles Lyell, qui [...] em va aconsellar enèrgicament que mai m'embolicara en una controvèrsia, perquè poques vegades feia algun bé i, en canvi, provocava pèrdua de temps i de bones formes". I Fortey diu, amb ironia: "Tanmateix, els trilobits ho exigeixen. Al lector li pot semblar estrany com esdeveniments que tingueren lloc fa més de cinc-cents milions d'anys siguen encara capaços de causar la secreció de verí abundant en els éssers vius". Els fanàtics dels trilobits són perillosos.

Aquest és un llibre bonic, dels que crea paleontòlegs. L'autor el dedica a la seua mare "patidora", que feia punt de calça mentre ell colpejava com un boig les roques a Nine Wells. I d'aquell primer trilobit descobert als catorze anys arranca tot. Tota aquesta bogeria.

LEIBNIZ, EN EL MILLOR DELS MONS POSSIBLES

"És tan estrany que els intel·lectuals vagen ben vestits, que no facen mala olor i que a més riguen els acudits", digué la duquessa d'Orleans, encantada, després de conèixer Gottfried Leibniz. El filòsof germànic destacava per la seua simpatia, per la seua agudesa i per la seua acurada elegància. En realitat, no semblava un filòsof, i menys encara un matemàtic. Hi ha alguna cosa en Leibniz que el fa de seguida simpàtic, una certa ingenuïtat, no sols per la seua tesi del millor dels mons possibles (que tant va ridiculitzar Voltaire amb el seu loquaç i optimista doctor Pangloss), sinó inclús per la seua forma, tan diletant, d'avançar en els estudis. Leibniz era un home molt capaç intel·lectualment que s'acostava als temes esperonat per una curiositat inesgotable, i sobre els quals voletejava amb una excepcional capacitat per a descobrir allò transcendent i fer contribucions sucoses. D'aquesta manera, ho va tocar quasi tot: la filosofia, la història, l'enginyeria, la cultura xinesa i, clar, les matemàtiques. "Quan Déu canta per a Ell mateix, canta àlgebra", opinava, feliç, aquest intèrpret de la simfonia del cosmos.

No és gens sorprenent que Isaac Newton l'odiara. Si l'autor dels *Principia* oblidava molts dies sopar i passava setmanes en vetla, descuidant el seu aspecte —i fent "olor d'intel·lectual"—, Leibniz mai no va descuidar l'empolainament. Per tant, el duel de titans que es va produir entre ells sobre l'autoria del càlcul infinitesimal dirimia no sols una possible prioritat científica, sinó també una manera d'entendre la vida i el món. I, com es pot llegir en aquest atractiu llibre titulat *La polèmica sobre la invenció del càlcul infinitesimal*, amb una àmplia introducció d'Antonio J. Durán, Newton no ho va posar gens fàcil al perfumat filòsof. En aquest estudi explica com tots dos arribaren al mateix resultat seguint camins distints, encara que Leibniz en el seu moment no va poder defensar amb la mateixa autoritat l'origen dels seus càlculs. La manca d'ordre en els seus papers i la seua vida de gentilhome errant li varen impedir recuperar les seues notes i els seus manuscrits quan més els necessitava. La crueltat, la fredor, l'autoritarisme amb què Newton tracta l'assumpte contrasta amb les bones maneres de l'enriolat diletant. Quan Newton va emmaltir —un atac de *frenesí* causat per la polèmica—, Leibniz es va apressar a escriure-li: "És a homes com vós, senyor, als quals jo desitge llarga vida i bona salut, amb preferència d'altres, la pèrdua dels quals no seria tan gran". Però Newton mai no va tenir en compte els gests elegants del seu contrincant, contra el qual va llançar tota una plèiade de "partisans sense escrúpols".

Com indica Durán, inclús els més grans intel·lectes són fràgilment humans. Sorprèn que un home com Newton, entregat en cos i ànima a descobrir les "veritats" de la naturalesa, donara pàbul a tota classe de mentides sobre el seu opositor. Per la seua banda, Leibniz va pecar aprofitant-se d'algunes circumstàncies (per exemple, l'aversió newtoniana a publicar) i de traure en ocasions un rèdit dubtós al seu do de gents (quan el matemàtic Collins, enlluernat pel filòsof, li va ensenyar un manuscrit inèdit de Newton). Fins i tot després de mort Leibniz, Newton el va seguir ridiculitzant. El descobridor de la llei de la gravetat mai no descansava. I, és clar, mai no va riure els acudits.

EL SOLITARI HUMBOLDT

"Sempre l'he admirat, però ara el venere. Sols ell sap transmetre les emocions de l'ànima en el moment d'entrar en contacte amb el Tròpic", va escriure Charles Darwin d'Alexander von Humboldt. Però potser si Darwin haguera viatjat pels tròpics acompanyant el naturalista alemany no l'hauria venerat tant. Perquè Humboldt mai no descansava, tenia poc sentit de l'humor i les desgràcies humanes no semblaven preocupar-li massa. La seua única obsessió era la ciència, conèixer les lleis de l'univers, el perquè de la diversitat de la vida, obtenir descobertes geogràfiques; en definitiva, ser el primer en tot. Hi ha alguna cosa d'inhumana en aquest científic, un ímpetu, una fugida cap als llocs més amagats del món, que ningú no ha aconseguit comprendre del tot. Hans Magnus Enzensberger, en el poema que li dedica en *Els elixirs de la ciència*, resumeix molt bé aquella obsessió científica: "La Terra incògnita es fon com neu sota la seua mirada. Cobreix amb la seua xarxa de corbes i coordenades les darreres glaceres, les inhòspites serralades. I mesura biaixos magnètics, apogeus solars, concentracions salines, blaus del cel".

La novel·la de Daniel Kehlmann *El mesurament del món* descriu aquesta obstinació per entendre el nostre planeta. Amb habilitat i bon un ritme narratiu, Kehlmann ens explica les peripècies de Humboldt i del seu acompanyant —el resignadíssim botànic Aimé Bonpland— per l'Amazones i per les muntanyes dels Andes, especialment la mítica expedició al Chimborazo. La història humboldtiana l'alterna amb la vida novel·lada del matemàtic Gauss, que es guanya la subsistència com a agrimensor. D'aquesta manera, conflueixen les biografies de dos "mesuradors del món", quin dels dos més extravagant i inadaptat. Si Humboldt no dubta d'arriscar la vida amb els experiments més insòlits i *outrés*, Gauss obtindrà la solució a un problema matemàtic en plena consumació del matrimoni, la qual cosa no li impedirà prendre unes notes i regressar de seguida al jaç nupcial, davant de l'estupefacció de la núvia.

Cal dir que el llibre és amè i es llegeix amb facilitat. Tanmateix, els personatges apareixen un poc sobreactuats, quasi gòtics, com si l'autor en el moment de parlar de Humboldt i Gauss tinguera en ment la família Adams. Ningú no carbura massa bé, i se'ns presenta un diví i estúpid Goethe, i un Immanuel Kant que en el seu encontre amb Gauss tan sols diu: "Salsitxa". Aquesta última anècdota és una invenció de l'autor (així ho ha reconegut en una entrevista), la qual cosa ens fa dubtar fins a quin punt és lícit prendre a la lleugera el "venerable" nom dels savis.

Humboldt mereixia un tracte millor. Una aproximació més tendra, més humana, més psicològica, a un dels investigadors més importants de tots els temps. Va descobrir centenars d'espècies i va crear noves disciplines, com la biogeografia. I, sens dubte, va viure turmentat, entre altres motius per la seua homosexualitat reprimida. Com va escriure Enzensberger, combinant amb més encert la ciència i la vida: "Va a la caça amazònica de tempestats magnètiques, o persegueix aurores boreals a Sibèria... Tímid i solitari, repassa en la seua memòria els nois que li agradaren: eren la majoria afables i sense mitjans. Ell els va ajudar i va callar". Potser en això, en tots aquells silencis, en totes aquelles secretes emocions de l'ànima, estava la novel·la.

GALILEU I LA QÜESTIÓ FÚTIL

"Cremaré, però això no és més que un fet. Ja seguirem discutint en l'eternitat", digué Miquel Servet a Joan Calví, poc abans d'encaminar-se a la pira. Sens dubte, l'inquisidor degué divertir-se amb l'eixida de l'aragonès, com suggereix Jorge Luis Borges en *Història de l'eternitat*. En canvi, Galileu no va tenir més opció que "maldir, abjurar i detestar" la teoria copernicana, agenollat "davant de vosaltres, els Eminentíssims i Reverendíssims senyors cardenals en la República Cristiana". Hi ha en la famosa abjuració galileana —tan patètica i injusta— una abjecció, que de vegades se li ha recriminat veladament. Fins a l'extrem que Albert Camus es va veure forçat a escriure, en *El mite de Sísif*, per tal d'exonerar una mica la seua memòria: "En certa manera, va fer bé. Aquella veritat no valia la foguera. Quina de les dues, la Terra o el Sol, gira al voltant de l'altre és profundament indiferent. En fi, és una qüestió fútil".

Però, en realitat, no sols es dirimia això. I, per tant, no era una qüestió tan fútil com ens vol fer creure Camus. Com escriu José Ortega y Gasset, en el seu assaig dedicat a l'astrònom, amb Galileu i Descartes acaba la crisi més important per la qual ha passat el destí europeu. En certa manera, el procés a Galileu és el punt zenital d'aquell canvi social, d'aquella nova percepció de la realitat que conduirà a poc a poc a la Il·lustració. La publicació de *Diàleg sobre els dos màxims sistemes del món: el ptolemaic i el copernicà*, escrit en forma de diàleg per fer-lo més llegible al cortesà, i en toscà, és a dir, en l'idioma del poble, per tal de convèncer el llec, *l'honnête home*, fou el gran toc de campana de la ciència que va fer sonar totes les alarmes en l'statu quo religiós. Com diu Giorgio di Santillana "el *Diàleg* és i seguirà sent una obra mestra d'estil barroc".

I, tanmateix, la retractació de Galileu encara resulta dolorosa a la comunitat científica, perquè va produir un retard en la recerca, i una por que va calar en els ossos de tots els pensadors heterodoxos. Fins a l'any 1822 l'Església catòlica no va retirar de l'Índex dels Llibres Prohibits les obres de Galileu, i fins a l'any 1992 el Vaticà, tres-cents cinquanta anys després, no va reconèixer que amb el seu cas "es varen cometre alguns errors". Hi ha un itinerari de la por per la història de la ciència: una ruta de la persecució de tants i tants científics. En el meu llibre *El somni de Lucreci* explique el cas significatiu de l'astrònom Thomas Harriot, que es va anticipar a les observacions astronòmiques de Galileu, però que mai no es va atrevir a fer-les públiques per por de les represàlies. L'assagista Stephen Greenblatt concloïa que "va preferir la vida abans que la flama: qui pot culpar-lo?". I és ben cert: la por és indomtable. A Galileu el baixaren a la càmera de tortura del Vaticà i li explicaren per a què servien tots aquells instruments, i com li'ls haurien d'aplicar si no s'agenollava i es retractava. A Giordano Bruno li cosiren la boca: li passaren l'agulla per la llengua i li feren el símbol de la creu en els llavis, perquè així no poguera proferir heretgies en els darrers moments. Després llançaren les seues cendres al Tíber, perquè no en quedara res.

El llibre d'Antonio Beltrán *Galileu, ciència i religió* se centra en les relacions entre Galileu i l'Església catòlica, i en la batalla que s'estableix entre aquestes dues maneres d'entendre el món. El treball de Beltrán és espectacular: representa la culminació d'anys d'estudi de l'obra galileana. Per tant, fent ús d'una abundant documentació, va filant les relacions de Galileu amb els religiosos, els seus llargs estira-i-arronses, les seues batalles dialèctiques, especialment amb el cardenal Bellarmino, fins arribar a la famosa i última escena inquisitorial. La soledat de Galileu i els seus crits de desesperació per tanta neciesa apareixen ben reflectides. I també la vehemència de l'astrònom, la seua loquacitat, la seua insensatesa, i la seua amargor en comprovar que "tan gran és el nombre de babaus".

Estem davant d'una obra d'importància, que repassa d'una manera exhaustiva tots els ets i uts de Galileu amb l'Església. La plèiade de jesuïtes, dominics, cardenals i papes (Pau V, Gregori XV i Urbà VIII) pareix infinita. Però els més temibles són, sens dubte, els jesuïtes, amb el sibil·lí Bellarmino al capdavant, que segueix al peu de la lletra el consell d'Ignacio de Loyola: "Debemos tener este principio para en todo acertar, 'creer que lo blanco que yo veo es negro' si la Iglesia jerárquica así lo determina". Contra tan sàvia jaculatòria, el telescopi de Galileu no podia més que fracassar. I Bellarmino acabà santificat.

Però qui li havia de dir, a Bellarmino, al martell dels heretges, que seguiria discutint amb Galileu en l'eternitat!

LA SIMBIOSI DE LYNN MARGULIS

Què és la vida? No és una pregunta gens fàcil de contestar. Per a Voltaire, "la vida és organització amb capacitat de sentir", però per a l'escriptor Thomas Mann és "calor produïda per un fenomen sense substància que conserva la forma"... El concepte de vida és entès de manera diferent per un filòsof, un químic, un físic o un biòleg. El baró de Berzelius, un dels pares de la química, va definir la vida com "una autorealització parcial, contínua, progressiva, multiforme i condicionalment interactiva de les potencialitats existents entre els estats electrònics dels àtoms". És una definició que, en efecte, mou a l'escepticisme, i la poetessa Emily Dickinson fou rotunda en aquest sentit: "De la vida, com a cosa general, és més el que es diu del que hi ha. Si tinguérem un primer indici de Definició de Vida, fins i tot els més sensats es tornarien bojos!".

Lynn Margulis porta tota la seua carrera professional batallant per descobrir aquell "primer indici". Per a ella, "la vida és l'estrany fruit d'individus que evolucionaren a partir d'una simbiosi". És una bonica definició, perquè, per als seguidors de la simbiogènesi, la vida és més el resultat de l'associació que de la competició. I el llibre *Els inicis de la vida*, reescrit amb Michael F. Dolan, i que és una actualització d'un primer treball de Margulis de 1983, és la millor prova. Com indiquen els autors, avui en dia la teoria simbiòtica descansa sobre unes bases sòlides, molt més incontestables que fa vint anys. I en *Els inicis de la vida* s'aporten nombrosos exemples de com els éssers vius es beneficien col·laborant en els insospitats processos simbiòtics que s'estableixen entre mol·luscs i algues (els llimacs marins que prenen el sol i "fan la fotosíntesi"), entre insectes i bacteris (les increïbles relacions dels tèrmits amb bacteris que descomponen la cel·lulosa), o entre equinoderms i protoctists específics. Aquesta visió entusiasta de les relacions simbiòtiques la plasmen en algunes definicions curioses i de contingut quasi aforístic: "Les vaques són dipòsits de fermentació metanògena, amb quatre potes i uns 150 litres de capacitat".

Lynn Margulis és una excel·lent divulgadora. Els llibres anteriors, escrits amb diferents col·laboradors, sempre s'han caracteritzat per una lectura fàcil i amena (recomane especialment *Què és la vida?*, o un interessant article sobre Nietzsche i la sífilis publicat en la revista *Mètode*). Potser aquest siga un llibre una mica més tècnic que els anteriors; tot i això, és un text interessant i útil, que actualitza la primera edició, i que, per tant, és una obra de referència, de consulta indispensable per als científics. I, per què no dir-ho, també per a escriptors i poetes. La veritat és que no entenc massa bé l'objecció d'Emily Dickinson: com si els poetes, fins i tot els més sensats, necessitaren definicions científiques per a enfollir.

EINSTEIN VS. PICASSO

"La ciència contemporània és Einstein i l'art contemporani, Picasso". Amb aquesta contundent premissa, l'historiador de la ciència Arthur I. Miller inicia el seu llibre sobre Einstein i Picasso. I no sols això, sinó que, a més a més, segons aquest professor de física del City College de Nova York, la gestació intel·lectual d'Einstein i Picasso és pareguda. Aquest llibre naix des d'aquest apriorisme, i per tant és *littérature à thèse*, on l'entusiasta enamorat busca amb afany similituds entre els dos genis. Tan fervorosa és aquesta recerca, que de vegades ens trobem amb frases com: "La situació d'Einstein, excepte pel gos, era similar [a la de Picasso] en la primavera de 1905". I si Picasso, en 1905, va donar vida a *Les senyoretes d'Avinyó*, Einstein va publicar aquell any els seus principals articles, entre els quals aquell que conté la "sinècdoque de la física", és a dir, $E=mc^2$. I per tant, "la relativitat i *Les senyoretes d'Avinyó* representen les respostes que donaren dues persones als canvis transcendentals que travessaven Europa com un tsunami".

Potser siga cert. Però Einstein no va sentir cap interès concret per Picasso, i el geni malagueny sempre va negar que en la seua obra hi haguera cap tipus de contingut científic. No obstant això, Miller, des de la seua passió, aventura suposicions, busca punts d'unió que tant podrien ser com no ("És raonable conjecturar que Picasso coneguera Princet..."). I sobretot no acaba de ser convincent la seua argumentació de l'ús per part de Picasso del llibre de Poincaré *La ciència i la hipòtesi*, ni de la recerca matemàtica de la quarta dimensió (que tant va treballar Salvador Dalí, uns pocs anys després).

On sí que coincideixen els dos genis és en el seu mal caràcter. A mesura que avancem en la lectura, dubtem sobre qui dels dos —Einstein o Picasso— resulta més antipàtic. Tots dos tracten les seues dones com a pelfuts. Picasso es va encapritxar de la seua filla adoptada Raymonde, que li recordava la seua germana Conchita, i per a "evitar un desastre traumàtic", la va retornar a l'orfenat. Einstein, casat amb Mileva, es va enamorar de la seua cosina Elsa, i això no li va impedir *conèixer* també la seua neboda Ilsa, i cohabitar amb totes dues simultàniament. Hi ha en ambdós casos un excés d'arrogància, d'envaniment i de *bizarrerie*. Com diu Miller, eren "enormement egocèntrics", i com a persones, un mal exemple.

L'autor dedica un últim i ampli capítol a la creativitat en l'art i la ciència, que és original i atractiu. Perquè, quina força va guiar aquests dos homes? L'orgull i l'ambició? El gaudi de crear? Tots dos constitueixen un *détour de force*. Picasso deia: "El més important és crear. Res més importa, la creació ho és tot". I Einstein al seu torn exclamava: "Pensar per pensar! [...] Quan no tinc cap problema especial del qual ocupar-me, m'encanta reconstruir proves de teoremes matemàtics i físics que conec des de fa temps. No pretenc res amb això, sols és una oportunitat d'entregar-me a l'agradable ocupació de pensar". Pensar i crear. I ausades que aquesta estranya parella ho va fer a consciència. Aquest és un vincle que, comptat i debatut, no es pot negar. I que resulta ben admirable.

PER QUÈ CAL LLEGIR ITALO CALVINO

Un dels meus llibres preferits d'Italo Calvino és *Per què cal llegir els clàssics*. Sovint torne a ell, perquè hi trobe idees, cites i algunes digressions divertides. Per exemple, la seua definició de clàssic: "Els clàssics són aquells llibres dels quals s'acostuma a sentir dir: 'Estic rellegint...' i mai 'Estic llegint'". En aquest sentit, és possible que aquest llibre també siga un "clàssic", perquè conec més gent que el rellegeix que el llegeix. Potser perquè com el mateix Calvino indica, en una altra sentència: "un clàssic és un llibre que mai acaba de dir allò que té a dir". I en *Per què cal llegir els clàssics* descobresc això mateix. Però cada obra és un atzar; mai no se sap amb certesa si suportarà bé el pas del temps o si, en canvi, li ocorrerà el mateix que a l'*Oda a la posteritat* de Jean-Baptiste Rousseau, que fou ràpidament oblidada.

Aquest llarg exordi ve a tomb de *Les cosmicòmiques* d'Italo Calvino. Per a alguns lectors es tracta d'una obra sublim de l'autor d'*El baró rampant*; en canvi, altres no acaben d'apreciar la seua gràcia i declaren sense complexos que mai no han aconseguit acabar-les. Calvino utilitza dades científiques sobre l'origen de l'univers, de la vida i de l'evolució de les espècies per a construir un món literari fantàstic, una mica surrealista i ple de paràboles. De vegades, el seu estrambòtic personatge Qfwfq em recorda Micromégas, que "a lloms de la Galàxia recorre els anys llum giravoltant en les òrbites planetàries", atent a tot el que s'esdevé al seu voltant, i jugant amb les absurditats de les nostres percepcions humanes. Però també divertint-se amb la incomprensibilitat de molts conceptes científics, com ara els càlculs d'Edwin P. Hubble que indiquen que abans del Big Bang tota la matèria estava concentrada en un punt: "Cada punt de cadascú de nosaltres coincidia amb cada punt de cadascú dels altres en un únic punt que era aquell en què estàvem tots. En suma, ni tan sols ens molestàvem, tret per la qüestió del caràcter, perquè quan no hi ha espai, tenir sempre pel mig un antipàtic com el senyor $Pber^t$ $Pber^d$ és d'allò més molest".

Per tant, hi ha en tot el llibre una paròdia pseudocientífica del món i de l'univers, que al final és una col·lecció d'ocurrències. "Quin era el nostre joc? Com que l'espai era corbat, al voltant de la seua corba fèiem córrer els àtoms, com si foren bitles, i qui la llançava més lluny del seu àtom guanyava". I aquest és el joc d'Italo Calvino: combinar idees científiques amb situacions que busquen ser més o menys còmiques. Però, de vegades, no ho són gaire, i aquest també és el seu perill. Si l'obra del gran Sterne és "digressiva i progressiva, i les digressions són l'ànima de la lectura", en *Les cosmicòmiques* aquestes dues forces contràries no es reconcilien del tot. I en ocasions fins i tot ens fa l'efecte que les acrobàcies rampants del senyor Calvino són excessives: "Teníem un oncle avi peix, i precisament per part de la meua àvia paterna, nascuda dels celacants del Devonià".

En fi, si l'*Oda a la posteritat* ha merescut poca posteritat, a aquest joc còsmic i còmic podria passar-li si fa no fa el mateix. Però això sols el temps ho dirà.

JARED DIAMOND I EL SEXE

"Hi ha un moment al dia, quan al matí has redactat els escrits i a la vesprada has despatxat la correspondència, en què no tens res més a fer. Arriba l'hora en què estàs avorrit; aquest és el moment per al sexe". L'amant que escriu aquestes paraules és George Wells, que devia practicar el sexe d'una manera perfectament robotitzada. Però si per alguna cosa es caracteritza el sexe és precisament per la contrària: apareix quan no l'esperes i no coneix lleis. Com escriu l'antropòleg Jared

Diamond, "nosaltres els humans, l'única espècie racional, ens movem encara en la irracional esclavitud dels programes de tipus animal". I l'instint sexual és allò més bàsic d'aquesta programació biològica.

Per què el sexe és divertit? es llegeix amb facilitat, i està ple a vessar d'anècdotes curioses. Diamond es planteja qüestions com per què els homes no poden alletar (quan això els donaria més contacte amb la progènie i sens dubte serviria per a reforçar els lligams de parentesc), per què les dones deixen de ser fèrtils a una edat relativament jove (encara que la Bíblia cite el cas de Naomi, que fou mare després dels setanta) i, finalment, per a què són bons els mascles (quan resulta evident que són prescindibles: les espècies es podrien reproduir exclusivament per partenogènesi).

Diamond escriu amb gran soltesa, introduint alguns apunts bromistes, no massa graciosos, però que eviten que la lectura siga un tractat exclusivament tècnic. Per exemple, el passatge dedicat a un gos que estudia la sexualitat dels seus amos, i conclou que objectivament són uns porcs, que forniquen quan els dóna la gana, inclús quan ella està embarassada, i a més tancant la porta. Certament, la sexualitat humana és excepcional i única en el regne animal: ningú més no carda pel plaer de cardar.

No obstant això, aquest és un llibre menor de Diamond. Les seues obres anteriors, com *El tercer ximpanzé*, són molt més ambicioses. Però és una bona introducció per a iniciar-nos en la tasca tan plena de sorpreses de conèixer-se a un mateix. Aquesta lectura es pot completar amb *Dansa misteriosa. L'evolució de la sexualitat humana* de Lynn Margulis i Dorion Sagan, *L'evolució del desig* de David Buss i *La conjura dels mascles* d'Ambrosio García Leal. Perquè si el sexe és divertit, llegir sobre les raons biològiques també ho és. L'espècie humana és tan singular i extravagant, que som una autèntica aberració del regne animal.

En els *Assaigs,* Montaigne cita el cas d'un marit de Catalunya que obligava la seua dona a practicar el sexe amb ell almenys deu vegades al dia. El marit fou amonestat per les autoritats i, perquè no pertorbara la decència i la moderació, se'l va comminar que no excedira les sis còpules diàries. Amb quin criteri?, es pregunta Montaigne alarmat. I afegeix: "Ja Soló les fixa en tres al mes, per a no arriscar-se a equivocar-se". En fi, nosaltres, els humans!

MICHAEL RUSE: CIÈNCIA VS. RELIGIÓ

En 1881, Edward Aveling, fill d'un reverend congregacionalista, va establir contacte amb Charles Darwin. Aveling havia estudiat medicina, amb resultats molt brillants, i com a conseqüència de la lectura de les idees evolutives del científic havia perdut bona part de la seua fe. Va realitzar nombroses contribucions divulgatives en la premsa sobre els temes darwinians, i l'any 1881 va publicar *L'estudiant de Darwin*, llibre que sens dubte li va obrir les portes de la casa de Down. Tot i això, Darwin va eludir que aquest llibre, amb un fort contingut crític amb la religió, li estiguera dedicat, i li va fer arribar a Aveling una carta cordial, declinant la proposició: "Tinc la impressió (correcta o incorrecta) que als arguments dirigits directament contra el cristianisme i el teisme els manca pràcticament efecte sobre el públic, i que la llibertat de pensament es veurà més ben servida per una gradual elevació de la comprensió humana que acompanya el desenvolupament de la ciència. Per tant, sempre he evitat escriure sobre la religió i m'he circumscrit a la ciència".

És comprensible que Darwin evitara els problemes evidents que podia ocasionar-li aquella dedicatòria d'un marxista bel·ligerant com Aveling (el seu compromís amb el marxisme l'havia conduït a emparellar-se amb la filla de Karl Marx). Però el seu argument sobre combatre la religió amb "aquella gradual elevació de la comprensió humana" ha demostrat ser poc eficaç. La religió, el fanatisme, els integrismes, segueixen ressorgint una i una altra vegada (per exemple, no fa gaire es repartiren llibres creacionistes en la Facultat de Biologia de Barcelona). Sens dubte, Darwin estaria molt sorprès que en plena Era de la Informació, la religió siga sent almenys tan poderosa com la raó.

El llibre de Michael Ruse *Pot ser un darwinista cristià? La relació entre ciència i religió* aborda amb probitat i molt de tacte ambdós universos. És un treball que intenta situar-se entre Richard Dawkins (l'ultradarwinista ariet de religiosos) i Stephen Jay Gould (que en el seu llibre *Ciència vs. religió* indica que el conflicte és fals i que es tracta de magisteris diferents, el de la religió i el de la ciència, que no s'han de mesclar, perquè són immiscibles). Ruse analitza els dos mons, des de la seua valuosa experiència com a filòsof i bon coneixedor de la ciència (el seu primer llibre, *Prenent Darwin seriosament*, és excel·lent). De vegades porta el raonament científic al terreny religiós, quan per exemple critica els miracles, amb resultats inquietants per a la religió: "Si el naixement de Jesús de la Verge fou natural, presumiblement començaria amb la divisió espontània d'un òvul de Maria, la qual cosa significaria que el nen seria portador del cromosoma XX i, per tant, dona". Ruse ridiculitza el misteri de l'Esperit Sant, i la impossibilitat d'un part partenogenètic de Maria, per molt de miracle que hi haguera pel mig. Perquè nasquera un nen es necessitava un cromosoma Y, que ningú no sap cert com va arribar fins Maria (un doble miracle?). Malgrat tot, es mostra reconciliador: "Concloc, tant des del punt de vista de la ciència com del de la religió, que si entendre el darwinisme inclou l'evolució natural de la vida a partir de la no-vida, no hi ha raó per a pensar que això impossibilite tenir creences cristianes".

Tanmateix, el llibre de Ruse està escrit abans de l'11S, i impregnat d'optimisme (per què ha trigat tant a traduir-se?). Després de l'atemptat del World Trade Center, i els següents conflictes bèl·lics, amb els terribles actes suïcides, resulta bastant més difícil mantenir una opinió tan conciliadora. Perquè, al capdavall, poden uns cristians fonamentalistes com els republicans nord-americans ser darwinistes? O uns islamistes com Bin Laden i els seus talibans? O un papa com Joseph Ratzinger, que va iniciar el procés de santificació de Joan Pau II basant-se en un miracle...

Potser Darwin tinga raó, i el científic ha d'evitar escriure de religió. El trop de la seua disciplina ha de ser exclusivament l'anàlisi de la realitat des de l'exigència del mètode. Per tant, potser el millor siga centrar-se en la ciència i confiar en aquella gradual elevació de la comprensió humana. I, en última instància, també cal considerar allò que advertia Bernard Shaw: "No es pot dir que el cristianisme haja fracassat perquè és una doctrina que mai no s'ha posat en pràctica".

EDWARD O. WILSON I LA CREACIÓ

Charles Darwin va concloure *L'origen de les espècies* amb una frase famosa: "No veig cap raó vàlida perquè les opinions exposades en aquest llibre molesten els sentiments religiosos de ningú". Evidentment, si no veia "cap raó vàlida" aquella frase sobrava. Però, sens dubte, pretenia avançar-se a les crítiques i contrarestar tant com poguera les acusacions. No obstant això, Darwin tenia raó: aquell llibre no havia de ferir la sensibilitat de ningú per les opinions exposades. El problema no era allò que es deia —i Darwin ho sabia—, sinó allò que es deixava entreveure: l'origen biològic de l'home.

Edward Osborne Wilson és un dels seguidors més fidels de l'obra de Charles Darwin. Si Dobzhansky va realitzar la síntesi de la genètica i el darwinisme, Wilson va fer un pas més i va portar a terme una nova suma, la del comportament i els gens. El seu llibre *Sociobiologia: la nova síntesi*, publicat l'any 1975, és fundacional, representa una nova visió en el moment d'enfrontar-se a l'estudi de la naturalesa. Si Linné va crear un mètode taxonòmic, si Buffon va iniciar el gust per la filosofia natural, si Darwin va reunir tots dos i va teixir la seua teoria de la selecció natural, si Dobzhansky va combinar darwinisme i genètica, Wilson fa un pas més, i reuneix el comportament amb la genètica, en la seua recerca final de la comprensió de l'home i de la naturalesa. Aquesta és la seua vertadera grandesa, la d'haver creat una escola, una nova i sòlida branca en l'estudi de la història natural, amb deixebles tan brillants com Richard Dawkins, Robert Trivers o Michael Ruse.

Tanmateix, el llibre *Sociobiologia* va rebre nombroses crítiques, i durant un temps inclús va estar prohibit a l'URSS i en els països comunistes de l'Est. La visió descarnada de la biologia dels animals socials, relacionant-la amb el seu egoisme genètic, i la seua conseqüent aplicació a l'estudi de la societat humana, fou molt discutida i en alguns casos violentament contestada. Alguns científics de renom, com Stephen Jay Gould o Richard Lewontin, acusaren Wilson de sostenir una espècie de determinisme biològic del comportament humà. Richard Lewontin va publicar, junt amb Steven Rose i Leon J. Kamin, un llibre titulat *No està als gens. Racisme, genètica i ideologia*, en el qual es realitzaven acusacions injustes i desafortunades: "el que Wilson, Dawkins o Trivers escriuen sobre sociobiologia reflecteix els seus interessos per a millorar la seua pròpia posició social". Wilson i els seus sequaços eren uns egoistes, que tan sols buscaven protagonisme i guanyar alguns diners amb els seus llibres...

També en les ciències socials es va forjar una oposició molt activa, i l'antropòleg cultural Marshall Sahlins va publicar *Ús i abús de la biologia*, on s'esforçava per excloure la conducta humana dels principis de la sociobiologia, i on advertia malèvolament, sense dissimular el seu menyspreu: "Haig d'assenyalar que he escrit aquest assaig amb un cert sentiment d'urgència, per la possibilitat que la sociobiologia desaparega ben aviat". Calia afanyar-se, tan poca vida li vaticinava aquest antropòleg, especialista en les tribus de les illes de la Polinèsia...

En realitat, tanta animositat, i per bandes tan diferents, i de noms tan destacats de la ciència, recorda les crítiques encenses que va rebre Charles Darwin. Aquella allau d'oposició a l'obra de Wilson va culminar en un congrés de l'Associació d'Antropologia Americana, durant el qual es va intentar censurar oficialment la sociobiologia, i que tan sols va aconseguir detenir l'oportuna intervenció de Margaret Mead (la Huxley de Wilson, com fou anomenada), qualificant la iniciativa de "proposta de crema de llibres". És important recordar aquests episodis per a valorar la valentia intel·lectual d'Edward Wilson. Com escriu a la seua autobiografia *El naturalista*: "És necessari repetir ací la part dels meus arguments que pot considerar-se determinisme genètic. En essència, la meua argumentació és la següent: els éssers humans hereten una propensió a adquirir comportaments i estructures socials, una propensió tan estesa que pot considerar-se part de la condició humana. Els trets definitoris són, entre altres, la divisió del treball entre els sexes, els lligams entre pares i fills, l'altruisme amb els parents propers, l'evitació de l'incest i altres formes de comportament ètic, el recel al davant dels estranys, el tribalisme, les ordres de dominància dins del grup, la dominància masculina en general, i l'agressió territorial quan algun recurs escasseja".

Actualment les idees de la sociobiologia són àmpliament acceptades per la comunitat científica. Certament, el professor Sahlins va errar en el seu pronòstic. La lectura de *Sobre la naturalesa humana*, el llibre que va seguir a *Sociobiologia*, hauria de ser obligada per a qualsevol filòsof, sociòleg, biòleg o escriptor, que desitge parlar amb un mínim de coneixement de l'home. Sempre el recomane pel seu to reflexiu, per la forma retòrica amb què exposa les seues conclusions sobre la naturalesa de l'home, i per la capacitat que té per a il·lustrar alguns dels hàbits humans amb exemples filosòfics i literaris, des de David Hume fins a James Joyce. Wilson no defuig els temes més polèmics, com ara quan manté que l'homosexualitat podria ser "un comportament distintiu beneficiós que ha evolucionat com un element important dels inicis de l'organització social humana", descrivint-la "sobretot com un element cohesiu", possiblement basat en una predisposició genètica.

Sens dubte, Wilson s'ha esforçat molt per a resultar accessible als seus lectors, sent alhora innovador i divulgatiu, amb una prosa dotada d'una important càrrega retòrica. Els seus darrers llibres els ha dedicat a parlar de la biodiversitat, a denunciar amb totes les seues energies el ràpid i constant extermini de milers d'espècies. Tant *Biophilia*, *La diversitat de la vida*, *El futur de la vida* o *La creació*, són obres compromeses amb la preservació de la naturalesa. Com indicava en una entrevista concedida a la revista *Mètode*, fa uns pocs anys l'associació Conservation Internacional va estimar la despesa que suposaria protegir la majoria de les formes de vida del planeta, i va concloure que si es concentrava el seu esforç en vint-i-cinc llocs del món, preservant les àrees naturals més riques en biodiversitat, es requeria una inversió de 28 bilions de dòlars. I era factible! El Congrés dels Estats Units acabava d'aprovar 89 bilions per a la reconstrucció de l'Iraq.

Wilson es desespera veient com amb un mínim d'inversió i de voluntat política es podria preservar bona part de la biodiversitat del món. I per això és tan commovedor el seu llibre *La creació*, pel to de desesperació que impregna el text, i aquelles cartes que dirigeix a un pastor Baptista, a qui intenta convèncer que incloga "la protecció de la Creació com a part substancial del seu magisteri". És un pastor fictici, a qui dirigeix paraules tan urgents com aquestes: "Reverend: necessitem la seua col·laboració. La Creació està en risc. Els homes de ciència estimen que si la transformació de l'hàbitat natural i altres activitats humanes destructives continuen amb el ritme actual, la meitat de les espècies animals i vegetals de la Terra s'hauran extingit o estaran en perill d'extinció quan acabe aquest segle". Tant de bo Wilson tinga èxit amb aquest nou projecte. Encara que potser les seues paraules tan crítiques poden haver disgustat els pastors, per exemple quan denuncia que aquests "fan molt poc per protegir el món vivent".

En *El naturalista*, Wilson explica que la seua afició per la naturalesa va començar molt aviat, i es va decantar cap a l'estudi de les aus. Però, un dia de pesca va patir un accident: "Vaig tirar massa fort de la canya i el peix em va caure en plena cara: una de les seues espines se'm va clavar en la pupil·la de l'ull dret". Va perdre la visió estereoscòpica, fonamental per a l'estudi de les aus: "L'atenció del meu ull bo es va concentrar en el sòl. A partir d'aleshores, dedicaria la meua vida als éssers menuts, a animals que un pot agafar entre l'índex i el polze i aproximar-los a la cara per a examinar-los de prop". I així Wilson es va convertir en un dels mirmecòlegs més prestigiosos del món (en el seu llibre *Pheidole in the New World* descriu, en 818 pàgines,

625 espècies de formigues, moltes de les quals noves per a la ciència). De l'estudi de les societats de formigues va passar al d'altres comunitats socials, inclosa la humana. Potser sense aquell desgraciat dia de pesca, mai no haguera nascut la sociobiologia. Com deia Thomas de Quincey, de quins accidents tan nimis pengen els grans resultats que duren tota una vida!

L’HERETGE BACON I LA MATEMÀTICA

“La matemàtica és la clau i la porta de la ciència”, va escriure Roger Bacon, autor de l’*Opus maius*, un tractat medieval del segle XII sobre gramàtica, lògica, matemàtica, física i filosofia. I potser siga així. Perquè després de la lectura del llibre de Marcus du Sautoy *La música dels nombres primers* res sembla aliè al poder dels nombres, especialment si són primers (nombres sencers indivisibles, que no poden expressar-se com a producte de dos sencers menors: 2, 3, 5, 7, 11, 13, 17, 19, 23,…).

Com indica Umberto Eco: "Sóc del tot incapaç de trobar el següent nombre primer d'una sèrie, però he experimentat vertígens metafísics en devorar aquest llibre". Du Sautoy escriu amb gran intel·ligència l'epopeia dels matemàtics que s'enfrontaren a desvelar el perquè de l'existència d'aquests nombres primers, i des de la seua exaltació res no ens sembla exagerat: "Els nombres primers són joies enllaçades en la immensa extensió dels nombres, l'univers infinit que els matemàtics exploren des de l'antiguitat".

Cal reconèixer a aquest matemàtic de la Universitat d'Oxford una excepcional capacitat per a fer-nos vibrar amb un tema aparentment àrid. La força de la narració és tan prodigiosa, els personatges que desfilen tan extravagants, que llegim amb avidesa —aquell vertigen metafísic— que proporciona un text intens. Du Sautoy introdueix en la seua narració la vida i els prodigis de molts matemàtics, amb un to àgil i lleugerament irònic, com qui parla d'alguns familiars, excèntrics però molt estimats. Així ens explica la precocitat de Gauss ("No us podeu imaginar quanta poesia hi ha en una taula de logaritmes", va confessar una mica enigmàticament), la riquesa de Fermat, la grandesa d'Euclides, la vivesa d'Euler (l'àguila de les matemàtiques), la màgia de Napier, el to revolucionari de Cauchy, l'actitud benemèrita de Dirichlet, la pompositat de Legendre... Però especialment ens commou la timidesa i la intel·ligència de Riemann, la hipòtesi del qual sobre els nombres primers segueix sense resoldre's, fins a convertir-se en "el problema més profund i fonamental de la teoria dels nombres".

Du Sautoy utilitza un ampli repertori de cites i frases admirables d'altres matemàtics, des de Hardy fins a aquesta de Poincaré: "El científic no estudia la naturalesa per la utilitat de fer-ho; l'estudia perquè obté plaer, i obté plaer perquè la naturalesa és bella. Si no fóra bella no valdria la pena conèixer-la, i si no valguera la pena conèixer la naturalesa, la vida no seria digna de ser viscuda". L'autor aconsegueix plenament el seu objectiu, i ens persuadeix de la bellesa de les matemàtiques i de la vida. Com també ho aconsegueix Hardy en aquell llibre tan extraordinari que és *Autojustificació d'un matemàtic*, com ara quan diu: "En el món no hi ha lloc permanent per a les matemàtiques desagradables, des d'un punt de vista estètic".

Sens dubte, *et harum scientiarum porta et clavis est Mathematica*. En honor de Roger Bacon, que poc després de publicar la seua magna obra fou acusat d'heretgia i empresonat durant deu anys. Perquè les matemàtiques també poden ser, per a alguns exaltats, la porta de l'infern.

EL CHEVALIER DE LAMARCK

Quan al físic i matemàtic Lagrange li demanaren que resumira la seua vida de treball va contestar lacònicament: "No ho sé". Alguna cosa pareguda li havia d'haver passat a Jean-Baptiste Lamarck, que potser no sabria dir si fou botànic, zoòleg, filòsof o meteoròleg. En canvi, la inscripció que figura en el pedestal de l'estàtua del Jardin des Plantes de París no pot ser més rotunda: "Al fundador de la doctrina de l'evolució". No obstant això, Charles Darwin el va ignorar per complet en els seus textos, i alguns historiadors han vist en aquest silenciament un gest indigne, com si el savi anglès temera perdre una mica de la seua glòria. I la veritat és que sorprèn que no el mencione mai (o quasi mai). Perquè Lamarck no sols fou —segons la vanaglòria francesa— el fundador de la teoria de l'evolució, sinó que entre els seus mèrits figura haver estat dels primers a utilitzar la paraula *biologia* i haver encunyat el terme *invertebrat*. Per tant, es tracta d'algú que havia estudiat en profunditat la naturalesa dels éssers vius.

Agustí Camós, en el pròleg d'aquesta traducció catalana de la *Filosofia zoològica*, atribueix la indiferència a una mescla de mala sort i d'incomprensió. Podria ser. Lamarck fou un desplaçat, víctima de la Revolució Francesa, que no va saber adaptar-se bé als nous temps (a pesar dels seus encesos elogis de ciutadà a la Revolució), i que sobretot no va saber dur-se bé amb els seus companys del Jardin des Plantes, especialment amb Cuvier, l'Aristòtil de França, com li agradava ser conegut. Però junt al caràcter difícil del Chevalier de Lamarck, cal afegir la seua feixuga redacció, repleta de perífrasis, circumloquis, batologies i repeticions que extenuen tant el desprevingut com el lector preparat. Afortunadament, Agustí Camós, en aquesta edició de la *Filosofia zoològica*, ha dut a terme una pacient i acurada traducció, en què detalla els nombrosos errors en els quals han incorregut les anteriors —i sempre parcials— versions espanyoles.

Però cal ser justs: si *L'origen de les espècies* és una obra dirigida a un públic ampli, i que tot lector culte hauria d'haver llegit, l'obra de Lamarck és molt més elitista. I, tanmateix, amb quina alegria i interès s'arriba a les pàgines dedicades a l'home: "Si una raça qualsevol de quadrumans, sobretot la més perfeccionada, perdera, per les necessitats de les circumstàncies o qualsevol altra causa, l'hàbit de grimpar sobre els arbres, i d'engrapar les branques amb els peus, igual que amb les mans, per aferrar-s'hi; i si els individus d'aquesta raça, durant un seguit de generacions, foren forçats a no servir-se dels peus més que per caminar, i deixaren d'usar les mans com a peus; no és dubtós que aquests quadrumans es transformarien a la fi en bimans".

Darwin va llegir aquestes pàgines? No ho sabem, però és molt probable que sí. En elles s'estudia l'origen de l'home (no per selecció natural, sinó per l'herència dels caràcters adquirits). En qualsevol cas, Lamarck va esbossar clarament el camí de l'evolució humana. I això, comptat i debatut, no és poca glòria.

GRIBBIN I L'ORIGEN DE L'UNIVERS

"L'*univers est une machine à faire des Dieux*", va escriure Henry Bergson. I és ben cert. El silenci etern d'aquells espais infinits genera déus, encoratja supersticions, és el germen dels mites humans. I la ciència, malgrat el seu constant quefer i progrés, tan sols aconsegueix evidenciar que tot és molt estrany, ¡que difícil és entendre d'on, com i per què va sorgir l'univers! John Haldane estava convençut que el futur seria immensament sorprenent, perquè sospitava que "l'univers no sols és més estrany del que suposem, sinó encara més del que pugam arribar a imaginar".

El llibre de John Gribbin *Biografia de l'univers* és en aquest sentit formidable. A mesura que avancem per les seues pàgines ens meravellem del que ja se sap, del que se suposa i, sobretot, del que es desconeix. Per exemple, en el capítol "Com va començar l'univers?", suggereix: "És possible que en un centenar d'anys pugam tenir la capacitat tecnològica per a crear universos, i que el nostre Univers puga haver estat creat deliberadament per éssers intel·ligents en un altre univers, com un experiment d'algun tipus". Un experiment d'algun tipus? Gribbin sosté que hi ha molts altres universos "movent-se en l'onzena dimensió", i que el nostre és especialment favorable per a l'existència de vida, "una idea que guanya alguna credencial a partir de la possibilitat que fóra creat com un experiment de laboratori en algun altre univers".

Es tracta d'una lectura apassionant. Gribbin, professor d'astrofísica de la Universitat de Sussex i reconegut divulgador, intenta entendre d'on prové el Big Bang, l'absorbent debat sobre *què hi havia abans* (per a Stephen Hawking és una pregunta absurda: "Preguntar-se què hi havia abans del Big Bang és com preguntar-se què hi ha al nord del pol nord"). Gribbin explica els primers instants: "Coneixem com era l'univers una fracció de segon després del moment del seu naixement, quan tenia la grandària d'una aranja, estriada amb irregularitats quàntiques explosives, molt calent i encara expandint-se ràpidament, però amb la gravetat just començant a reduir la velocitat de l'expansió. Però, ¿com es va desenvolupar l'Univers fora d'aquesta bola de foc?".

I com va sorgir després tota la matèria? "Els forats negres es varen formar molt aviat en la vida de l'Univers i actuaren com a llavors a partir de les quals varen créixer les galàxies". Certament, tot açò és difícil de capir. Però l'interès que desperta tot aquell univers d'universos en l'onzena dimensió esperona el lector i l'anima fins al final, fins al darrer capítol titulat "Com acabarà tot?". L'univers es col·lapsarà i el dia del Judici Final Còsmic (també conegut com el Big Crunch) podria tenir lloc d'ací a 40.000 milions d'anys. Un final esglaiador, i, com advertia Haldane, molt estrany, molt més estrany del que pugam arribar a imaginar.

DE WAAL I LA MORAL HUMANA

El filòsof Claude Adrien Helvetius, en la seua obra *De l'esprit* (1758), ja va intentar crear un mètode d'estudi científic de la moral: "He cregut que s'havia de tractar la moral com totes les altres ciències, i fer una moral com una física experimental". El llibre fou un èxit immediatament (vint edicions en un any) i, evidentment, fou de seguida prohibit per la Sorbona, i anatematitzat per l'arquebisbe de París i pel papa. I el bon i clarivident filòsof es va veure en greu perill, i tractat com "une bête impie".

Frans de Waal aborda la moral humana des d'una mateixa disposició crítica i experimental, i realment el seu llibre *Primats i filòsofs. Com la moralitat va aparèixer* és molt interessant. No hauria de deixar de ser llegit per filòsofs, sociòlegs i biòlegs: per a aquest primatòleg, l'instint moral humà és innat i ho demostra d'una manera bastant convincent. L'home és consubstancialment bo, i l'estructura de la societat humana és el resultat d'aquesta aptitud no apresa per a viure conjuntament. En contra del que proposa la sociobiologia, i en especial els plantejaments neodarwinistes de Richard Dawkins, no sempre és l'egoisme qui dirigeix els individus, poden haver-hi altres casos en què la col·laboració —l'ajuda mútua— siga biològicament eficient, i es transmeta genèticament. Si Richard Dawkins va advertir en la darrera línia d'*El gen egoista* que "tan sols nosaltres en el món, podem rebel·lar-nos contra la tirania dels nostres egoistes replicadors", De Waal ho qüestiona, i posa exemples entre altres primats i mamífers.

Així mateix, indica que els sentiments d'empatia cap a altres homes són naturals, i que en els primats i en altres animals socials també s'observen actes de consolació, d'amistat, de col·laboració desinteressada. Per tant, no som una espècie única, ni autoinventada, no som els únics a poder rebel·lar-nos contra la tirania dels gens egoistes. No obstant això, potser l'argumentació de De Waal falle en alguns moments. El mutualisme o el comportament aparentment moral també pot interpretar-se des d'un punt de vista d'egoisme biològic. És a dir, que en alguns casos els gens dels individus sociables poden haver-se seleccionat més que els dels solitaris, i que ser sociable en algunes ocasions siga adaptatiu. I que siga l'egoisme dels gens el que done lloc a aquells actes aparentment altruistes.

En qualsevol cas, per a De Waal la sociabilitat humana és natural, immanent, no s'aprèn, sinó que està en la nostra disposició biològica ser amable i pròxim amb els nostres semblants. Fins i tot parla de "contagi emocional". Crec que aquesta és la gran novetat d'aquest llibre, que es llegeix molt bé, i és ple d'idees suggestives. Ja li ho recriminava Voltaire a Rousseau: "Tan sols el malvat viu sol". Almenys, segons De Waal, el solitari que ho tria voluntàriament. Però estic segur que Rousseau hauria estat encantat amb aquesta fórmula del bon salvatge.

L'EMBRUIX DE DENNETT

Fixeu-vos en les paraules de Walter Pater, en el seu llibre *El Renaixement*: "Un escriptor modern a qui li interesse aquest problema pot observar que totes les religions poden ser considerades com a productes naturals, que, almenys en el seu origen, creixement i decadència, tenen lleis comunes; i que sorgeixen espontàniament de l'esperit humà".

El filòsof Daniel Dennett, en *Trencar l'embruix. La religió com a fenomen natural*, sosté aquesta "idea" que Pater va encunyar fa cent cinquanta anys, durant la seua visita a Florència. Però per a aquest filòsof graduat a Harvard i doctorat a Oxford (i autor de *La perillosa idea de Darwin*, una obra clau en l'estudi de la recepció del darwinisme), la religió és un producte tan natural com ho és un agent infecciós. "En el prat veiem com una formiga escala laboriosament una fulla de pastura, més amunt i més amunt fins que cau. Per què fa això la formiga? El seu cervell ha estat confiscat per un diminut paràsit que necessita arribar a l'estómac d'una ovella o d'una vaca, amb el fi de completar el seu cicle reproductiu". Per tant, les idees —i en especial els *mems* religiosos— actuen com a paràsits colonitzant les ments més inermes. En aquest sentit, Dennett es permet fins i tot citar un vell manuscrit que va comprar en els *bouquinistes* de París, i que sembla que ha estat el germen del seu argument: "Semen est verbum Dei; sator autem Christus" ("La Paraula de Déu és la llavor, i el sembrador de la llavor és Crist").

Sobre aquesta argumentació gira aquest voluminós assaig, potser massa extens, i com li ocorria a Richard Dawkins amb el seu espinós *El miratge de Déu*, massa centrat en la percepció religiosa nord-americana. No obstant això, si per a Dawkins la religió és un miratge, un afaitapagesos, per a Dennett es tracta d'una mena d'embruix: tan sols la "raó", l'empirisme, l'anàlisi rigorosa dels fets poden *trencar l'embruix*. Dennett és molt clar: "Si tan sols poguérem trobar avui alguna manera de trencar l'embruix que indueix milers de pobres nens musulmans a ingressar en les fanàtiques madrasses on els preparen per a una vida de sanguinari martiri! Si tan sols poguérem trencar l'embruix que convenç alguns dels nostres conciutadans a acceptar ser comandats per Déu per a detonar bombes en clíniques on es practiquen avortaments!".

Com podeu imaginar aquest llibre ha rebut crítiques molt dures, especialment dels estudiosos de la religió. Seríem més feliços sense la religió? Seríem una civilització més sàvia i solidària, més culta i pacífica, si poguérem trencar aquell embruixament i despertar? Alliberar-nos de tant de credo i de tanta lligadura irracional... Dennet cita Ned Flanders, un dels personatges d'*Els Simpson*: "La ciència és com aquell graciós que t'arruïna la pel·lícula quan et conta com acaba". Potser la humanitat vol seguir embruixada, perquè la realitat és massa forta i dura per a entomar-la i prou. I, contra això, la raó ben poc hi pot fer.

LA LÒGICA DE POPPER

Si preguntàrem a un nen quina és la professió dels seus pares, i ens contestara que tots dos són científics, de seguida tindríem una idea de quin és el seu treball. És a dir, no són artistes, ni escriptors, ni estudiosos de la història, ni tan sols filòsofs: són científics. Potser podríem tancar una mica més el cercle, i preguntar-li quina classe de ciència cultiven, si la física o la biologia, si la química o les matemàtiques, o si s'han especialitzat en alguna carrera tecnològica. Però si el nen ens contestara que el seu pare es dedica a les Ciències de la Informació i la seua mare a les Ciències Polítiques, aleshores la composició de lloc s'ensorraria i ens faria dubtar. Els seus pares són científics?

Per a contestar aquesta pregunta cal llegir el llibre de Jesús Purroy *Tot el que cal saber per saber-ho tot*. Perquè Purroy té una gran habilitat per anar desemmascarant "errors celebrats" (que diria Zabaleta) i per a explicar el que per a alguns és evident i altres s'obstinen a ignorar. "On comença i on acaba la ciència? Les explicacions científiques limiten, d'una banda, amb les explicacions mítiques o religioses. És fàcil notar quan apareix un déu a la discussió: en aquest moment has sortit del reialme de la ciència i has anat a parar al de la religió. Els altres límits de la ciència són molt més difusos. Molt del que fas cada dia podria ser considerat com a científic: des del mecànic que fa hipòtesis sobre què li ha passat al teu cotxe fins a la teoria que el teu company de pis es menja els iogurts que deixes a la nevera compartida. El sentit comú és una mena de 'ciència popular' que funciona en la majoria de les situacions quotidianes".

Purroy explica què és ciència i que no, carrega contra les pseudociències i els fraus científics (on Freud i la psicoanàlisi juguen un paper destacat), i explica amb prudència el que se sap amb certesa del que tan sols se suposa que se sap. I escriu: "Per estrany que puga semblar, una de les maneres més rigoroses de comprovar la veritat d'una explicació és intentar demostrar que és falsa. De fet, molta gent opina que una explicació que no puga ser falsa no és ni tan sols científica. Quan una explicació supera aquesta prova, en surt reforçada i guanya veracitat". Es tracta de la teoria de la falsabilitat, de Karl Popper. "Posem per cas —ens diu Purroy— la interpretació dels somnis segons la teoria psicoanalítica de Freud. És impossible trobar un cas en què la interpretació dels somnis siga falsa". Per tant, per Purroy, si no es pot demostrar que siga certa o falsa, no és ciència.

Això ho escrivia Karl Popper en la seua obra cabdal, *La lògica dels descobriments científics*: "Acceptaré un sistema com a empíric o científic tan sols si és susceptible de ser corroborat per l'experiència. Aquestes consideracions suggereixen que el que ha de prendre's com a criteri d'avaluació no és la verificabilitat, sinó la 'falsabilitat' d'un sistema. En altres paraules, no exigiré que un esquema científic siga capaç de distingir-se positivament i d'una vegada per totes; li demanaré que la seua forma lògica siga tal que puga diferenciar-se negativament a través de proves experimentals: que siga possible rebutjar un sistema científic empíric mitjançant l'experiència". I ho tornava a aclarir en *Conjectures i refutacions: el desenvolupament del coneixement científic*, un llibre potser més accessible per als lectors generalistes: "Suposem que ens hem proposat deliberadament viure en aquest desconegut món nostre, adaptar-nos a ell tot el que es puga, aprofitar les oportunitats que trobem en ell i explicar-lo, si és possible (no necessitem suposar que ho és) i fins on siga possible, amb l'ajuda de lleis i teories explicatives. Si ens hem proposat això, aleshores no hi ha procediment més racional que el mètode de l'assaig i de l'error, de la conjectura i la refutació: de proposar teories intrèpidament; de fer tot allò possible per provar que són errònies; i d'acceptar-les temptativament, si els nostres esforços crítics fracassen".

Per tant, tota disciplina que no siga susceptible de ser falsable no és ciència. Evidentment, poden haver-hi matisos, però en general la teoria de la falsabilitat és la manera més plausible d'acostar-se al coneixement científic. El llibre de Purroy és ric en anècdotes saboroses de males praxis científiques, com ara el detector de leptons que suposadament permet descobrir jaciments petrolífers ("la petroliera ELF va gastar milions en prospeccions aèries amb detectors de microleptons, fins que algú els va convèncer que s'estaven deixant ensarronar") o les que explica l'organització Quackwatch, dedicada a la informació sobre teràpies fraudulentes, entre les quals es troba el mètode Hamer, amb molts defensors a Espanya i una llista d'almenys cent cinquanta víctimes mortals.

Aquest llibre és especialment valuós per a combatre les pseudociències. I per a desemmascarar impostors i venedors de fum. Homeopaties, quiropràctics, herbes miraculoses, maleïts curanderos que s'aprofiten de les persones desesperades... Cal confiar en el mètode de l'assaig i de l'error, i obtenir respostes des de l'experiència. I mantenir-les com a certeses, fins que algú, fent ús del mateix procediment, demostre el contrari. Això, i sols això, és ciència.

EL CAS FEYNMAN

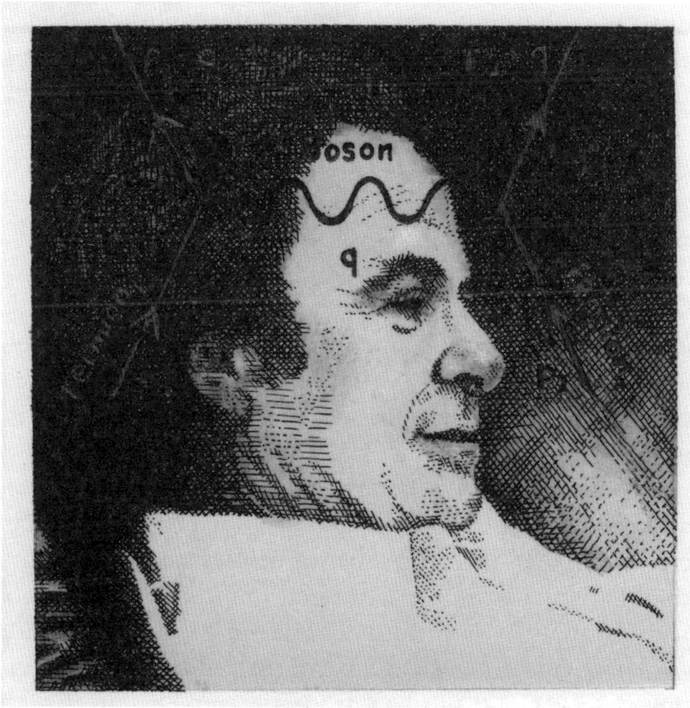

El fisonomista Kaspar Lavater escrivia que qui produeix més que la resta posseeix *vigor*; qui elabora més i millor, *talent*, i qui crea alguna cosa única, *geni*. Richard Feynman fou d'aquesta última classe, i des de molt jovenet, com explica el professor del CSIC Jesús Navarro, fou conegut com el *cas Feynman*. Tenia un do especial, una aptitud única, una disposició particular per a —més que crear— resoldre el que altres no havien aconseguit solucionar.

Els camins quàntics: Feynman se centra en l'estudi de les seues contribucions científiques, especialment en l'electrodinàmica quàntica. És un text atractiu, molt clar i ben il·lustrat, amb nombrosos requadres que expliquen la vida dels principals científics implicats (Oppenheimer, Schwinger, Tomonaga, Dyson,...). Parlar de Feynman és, com adverteix l'autor, parlar de tota la física del segle xx. Però encara així, preval el caràcter extravertit d'aquest científic, la seua constant disposició al comentari jocós, a l'anècdota inspirada. Feynman sempre és divertit, inclús quan parla seriosament. De vegades, els genis poden ser molt antipàtics (com Newton), pesadament sorneguers (l'insaciable Gamow) o senzillament poca-soltes (com Watson, amb els seus comentaris racistes, homòfobs i masclistes). La persona Feynman sempre estigué a l'altura del seu geni, i home i obra s'igualen en un mateix i inaudit vèrtex.

En ocasions, com adverteix Jesús Navarro, algunes celebrades anècdotes són massa boniques per a ser veritat, però en aquest llibre en trobaran moltes que són inqüestionablement certes. Com la seua demostració dels motius pels quals es va produir l'accident del transbordador *Challenger*, o la seua afició a participar en festes i tocar els bongos, o la seua furgoneta decorada amb els seus diagrames (els famosos diagrames de possibilitats que un electró i un positró interaccionen intercanviant un fotó), o la seua amistat amb l'amo d'un topless, al qual sovint acudia per a meditar sobre un problema, sense por que ningú el molestara. Feynman, a més, tenia prou mala opinió de les humanitats, i en especial de la filosofia: sovint deia que "els científics són exploradors i els filòsofs són turistes".

Per tot això, les seues brillants conferències, recollides en tres mítics volums vermells, són un tresor per a la major part dels físics. Feynman segueix sent el gran professor de professors, l'home a imitar, el científic que tot amant de la física porta en ment, potser fins i tot per damunt d'Einstein. Quan va morir, els estudiants del Caltech penjaren una gran pancarta en la façana principal de la biblioteca, amb el lema *We love you, Dick*. Perquè qui crea alguna cosa única i, a més a més, arriba a l'ànima dels seus admiradors, es converteix en un *mite*. I Lavater hi estaria d'acord.

KROPOTKIN O NO KROPOTKIN

És l'altruisme una il·lusió humana i allò que guia els passos de l'home és l'egoisme genètic? La vida és una permanent lluita lliure, com sostenia Thomas Henry Huxley, o, en canvi, existeix el sacrifici, l'afany de cooperar, de ser generós, com defensava vehementment Piotr Kropotkin? Sobre aquestes dues interessants figures gira bona part de l'assaig de Lee Alan Dugatkin titulat *Què és l'altruisme. La recerca científica de l'origen de la generositat*, sobre aquell duel sorprenent entre dos histriònics i extraordinaris personatges. Si Huxley fou el Cerber de Darwin, i un maltusià convençut que creia que el nostre "arrelat impuls orgànic" cap a una ràpida multiplicació implicava a la llarga, quan els recursos eren escassos, una guerra hobbesiana de tots contra tots; en canvi, Kropotkin opinava el contrari, i assegurava que en aquests moments de dificultat la cooperació era allò que salvava els individus, tal qual havia observat personalment a les estepes de Sibèria. En *L'ajuda mútua* escrivia: "En totes les escenes de la vida animal que vaig contemplar, vaig veure l'acció de l'ajuda i de la cooperació mútues portades fins a tal punt que em feren pensar que eren un atribut d'enorme importància per al manteniment de la vida, la preservació de cada espècie i la seua posterior evolució".

En canvi, Huxley contraposava a la visió romàntica de Kropotkin l'egoisme de la societat londinenca, la manca d'escrúpols dels seus ciutadans, la misèria dels molls, on durant un temps va exercir de metge. I tenia una mirada del tot descarnada de la naturalesa: "...veiem un prat entapissat de plantes i flors, i la nostra memòria reté una imatge de pau i bellesa. És una il·lusió [...]. No hi ha ni un sol ocell cantor que no siga un assassí o una víctima [...] i no hi ha ni un sol instant en què no hi haja un holocaust; en cada arbust o en cada bosquet, l'ordre del dia és l'assassinat o la mort sobtada". Quan va escriure aquestes ratlles, feia molt poc que havia perdut la seua filla Noel, de tan sols quatre anys, i patia una profunda depressió (va escriure que estava "tan melancòlic com un pelicà en un erm"). Potser això explica en part aquesta visió tan extremada, i no per això, menys certa.

Lee Alan Dugatkin, d'una manera molt clara, va exposant els principals defensors de l'egoisme (Huxley, Haldane, Fisher, Hamilton, Trivers...) o de l'altruisme (Allee, D. S. Wilson, Sober,...). El capítol dedicat a Haldane també és molt suggeridor, amb els encertats i saborosos apunts biogràfics d'aquest excèntric, brillant i sempre divertit científic. En el seu famós assaig *Les causes de l'evolució*, Haldane postulava les bases de l'egoisme genètic: "Donaria la meua vida per dos germans o per vuit cosins", escrivia correlacionant altruisme amb el grau de parentesc. Per a ell, l'altruisme sols té una justificació des de la defensa de la consanguinitat, com per a la major part dels biòlegs evolucionistes actuals. Per tant, *Què és l'altruisme* és un text interessant, i de gran actualitat, tan gran és el fragor de la discussió. O com diria Huxley, tan apassionant és l'espectacle de gladiadors. "Ja m'estic afilant les garres i el bec, preparant-me per a eixir a l'arena", escrivia a Charles Darwin. I encara hi som, en tot allò. En aquella batussa.

MISTERIÓS FIBONACCI

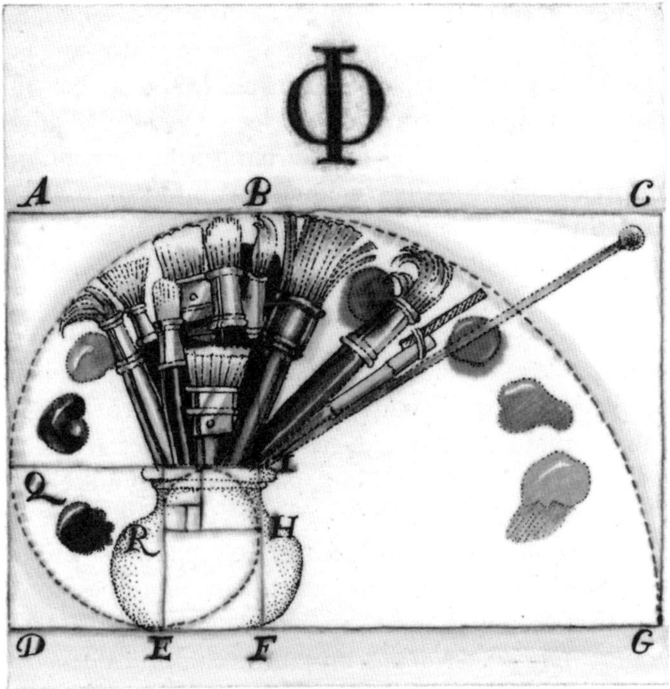

L*a proporció àuria* de Mario Livio és un llibre fascinant. Livio pren com a excusa el nombre Phi per a realitzar una curiosa història de les matemàtiques, recorrent a anècdotes i a etimologies diverses (la paraula *matemàtica* fou encunyada per Pitàgores i significa "allò que s'aprèn"). Perquè rere aquest enigmàtic nombre Phi s'amaga la seqüència de Fibonacci i la proporció àuria, que el matemàtic Luca Pacioli va denominar la "proporció divina". Fibonacci va descobrir la sèrie 1, 1, 2, 3, 5, 8, 13, 21, 34,

55, 89, 144, 233..., en la qual cada xifra és igual a la suma de les dues anteriors.

Curiosament, aquesta seqüència es pot reconèixer en fenòmens molt distints, com en la forma de disposar les fulles d'una planta, en l'òptica dels raigs de llum, en la disposició dels pètals d'una rosa, en la conquilla del Nautilus, o en la forma com ordena les inflorescències un gira-sol. Alhora, la seua aplicació a les arts dota les obres d'unes proporcions perfectes i actua quasi com un cànon d'indiscutible bellesa. De fet, sempre hi ha hagut una estranya i màgica relació entre aquesta seqüència misteriosa de Fibonacci i les grans obres del Renaixement.

En aquest sentit, el capítol que Mario Livio dedica a parlar de l'obra de Piero della Francesca i del seu deixeble Luca Pacioli és un dels més interessants. Piero va ser un bon matemàtic, fins i tot va escriure diversos tractats, i en les seues obres introdueix la perspectiva emprant els seus coneixements científics i pinta figures "com creu que han d'estar, no com les veu". Això fa que de vegades els seus personatges tinguen un aspecte estrany: les figures estan una mica distorsionades, com ja li va passar a Paolo Uccello, en la *Batalla de Sant Romà*, on també va dur les lleis de la perspectiva fins a les darreres conseqüències científiques (i així un soldat mort, vist des dels peus, sembla un nan). En la *Pala* de Brera, Piero va disposar la Verge i els sants fent ús de les lleis de la perspectiva, i entre els acompanyants va posar el matemàtic Pacioli. Aquell fet, junt amb la situació que Pacioli havia estat un dels estudiosos de la sèrie de Fibonacci, ha fet pensar a molts estudiosos que aquell quadre havia estat pintat seguint aquell esquema matemàtic. Però Mario Livio és contundent: ni Piero della Francesca, ni Leonardo da Vinci, ni tampoc el Partenó o la Gran Piràmide tenen res a veure amb la secció àuria, i els que així ho creuen "tenen una gran imaginació". En canvi, a partir del segle xx, Livio reconeix que la nòmina de pintors seguidors de Fibonacci és molt notable: des de Seurat fins a Le Corbusier i Dalí.

Siga com siga, la successió de Fibonacci sempre seguirà tenint un estrany misteri, com quan es parla dels secrets dels arxius del Vaticà o del Triangle de les Bermudes. La gent és molt donada a aquestes composicions mentals, i a mesclar ciència amb unes matemàtiques que indiquen unes suposades proporcions divines, i per tant la presència oculta d'un Ens sobrenatural. En realitat, Leonardo Pisano, àlies Fibonacci (això és, el fill de Bonacci, *filius Bonaccii*), va nàixer a Pisa al voltant de l'any 1170, en el si d'una rica família de mercaders. El seu pare, Guglielmo Bonacci, estava destinat a Bugia, una ciutat d'Algèria famosa per la qualitat de la seua cera (les paraules *bougie*, en francès, i *bugia*, en català, provenen del nom d'aquesta ciutat), on representava els comerciants de Pisa. Va ser ell qui va voler que el seu fill s'exercitara en el càlcul, per tal de portar amb més seguretat els negocis, i qui el va introduir en les xifres indoaràbigues, que encara no s'usaven a Europa. Posteriorment, va viatjar per Egipte, Síria, Grècia, Sicília i Provença, on es va amerar de les tècniques matemàtiques d'aquestes regions del món. Així les coses, i per tal de clarificar-ho tot, el nombre diví de Fibonacci és fruit del comerç, dels negocis i, possiblement, també de la usura. Com tantes altres coses d'aquest món misteriós.

LA VERITAT D'AL GORE

Sovint llegim en la premsa (tant en la conservadora com en la progressista) articles contra els ecologistes. Se'ls acusa de voler fer-nos regressar a l'edat de pedra i d'altres coses vertaderament prosaiques. Evidentment, entre els ecologistes hi ha de tot, com en qualsevol altre col·lectiu, però en general compartesc els seus plantejaments: respecte a la naturalesa, desenvolupament equilibrat, estudi de la vida, energies renovables... En un país com el valencià, en el qual el desenvolupament salvatge dels darrers anys ha superat el del franquisme, els ecologistes han estat massacrats per una administració indiferent a les seues reclamacions. Per això quan es llegeixen llibres com el d'Al Gore, en què s'apel·la a la més cívica i lògica de les actituds, no podem sinó sentir una grata i reconfortant sensació.

Una veritat incòmoda és un llibre de lectura obligatòria. No pel seu contingut científic (hi ha altres llibres potser més acurats, com ara el de Naomi Klein *Això ho canvia tot*), sinó per la facilitat amb què s'explica aquella "veritat incòmoda" que és l'escalfament global. Al Gore, amb l'ajuda d'una cuidada infografia, amb fotografies espectaculars, i amb l'exhibició d'una excel·lent documentació, va desgranant els motius que estan alterant l'equilibri terrestre. La ràpida desaparició dels casquets polars, la reducció de les glaceres, l'evaporació del llac Txad (que era el més gran del món) o del mar d'Aral, constitueixen alguns dels punts més ben tractats, més efectius i impressionants, del text. També resulten estremidores les conseqüències d'un increment del nivell de la mar (en alguns llocs entre cinc i sis metres), i la consegüent alteració de la costa, amb la desaparició de grans ciutats com Pequín o Nova York, amb la mort o el desplaçament de milions de persones.

Però *Una veritat incòmoda* no és exactament un llibre de divulgació. Es tracta més aviat d'una obra de propaganda, amb els seus grans destacats i les seues fotografies impactants. Al Gore busca commoure i fer despertar els ciutadans, i molt especialment els seus conciutadans. Com denuncia amb valentia, els Estats Units és el país que més contamina del món, seguit de lluny per Rússia i pel conjunt d'estats europeus. I és, junt amb Austràlia, l'únic país que no va ratificar el protocol de Kyoto. Per tant, Al Gore és molt crític amb la seua nació, i particularment amb George Bush, a qui acusa directament d'estar amenaçant, amb la seua política mediambiental mentidera i irresponsable, el futur de la Terra. Un llibre que vol despertar la consciència mediambiental del seu país, on paradoxalment tenen els millors equips científics estudiant el canvi climàtic i alhora els polítics més impresentables i negacionistes.

Per tot açò, cal llegir aquest llibre. Potser sobren les pàgines dedicades a la seua família, al seu despertar ecològic en el ranxo de Tennessee i a les seues emotives excursions per la Sierra Grande de Califòrnia... I també algunes frases massa sensibleres ("El meu pare fou un heroi per a mi") o creacionistes ("Crec que quan Déu ens va crear —i crec que l'evolució fou part del procés que Déu va emprar per a això— ens va modelar, va insuflar vida i una ànima en nosaltres"). Però segurament era el peatge indispensable per a demostrar que, a pesar de tot, segueix sent un bon nord-americà, un home creient i de família. Perquè Al Gore creu que encara tot és possible i aposta per un final feliç. Tant de bo tinga raó, i puga convèncer el seu país i els seus escèptics conciutadans. Ens hi juguem molt. Per no dir tot.

TOULOUSE-LAUTREC I ELS MONSTRES

Sulley i Mike, els dos principals personatges de la pel·lícula *Monstres S.A.*, podrien perfectament integrar-se en aquest magnífic llibre sobre mutants humans. El primer seria clarament un malalt amb hipertricosi lanuginosa i el segon, sens dubte, sofriria una aguda ciclopia. Armand Marie Leroi, genètic de formació, explica en *Mutants: de la varietat genètica i el cos humà* que rere aquests éssers monstruosos hi ha quasi sempre una qüestió gènica, una mutació que provoca aquestes terribles alteracions. L'originalitat del llibre se sustenta en el catàleg de monstruositats i en l'habilitat estilística de l'autor. Leroi escriu amb una prosa àgil, i encara que una certa morbositat impregna tot el llibre, de seguida transcendeix que allò substancial no és presentar aquesta galeria teratològica i admirar-se de les perverses bromes de la natura, sinó reflexionar sobre els designis biològics que conformen la morfologia humana. Allò té un cert aire de gabinet de curiositats rejovenit per una mirada moderna i científica, que vol ataüllar en els jocs de la naturalesa.

D'aquesta manera, per les seues pàgines van passant les diferents alteracions genètiques conegudes, amb els seus espantosos resultats morfològics: siamesos, gegants, polidactília, sindactília, mans de cranc, nanisme, hermafrodites i un llarg etcètera. Aquest llibre fàcilment podria haver estat una desagradable guia teratològica, si l'autor no haguera sabut mantenir un distanciament i una tenaç capacitat d'observació dels instints humans. I si no haguera salpebrat el text de nombroses anècdotes, barrejant genètica amb cultura: "Els gats d'Ernest Hemingway eren polidàctils, i els seus descendents de molts dits encara viuen als jardins de la seua casa de Key West" o "Els nens focomèlics [sense els braços ni les cames desenvolupades] han aparegut esporàdicament des de sempre: en els esbossos de Goya, aquest compassiu expert de la deformitat, hi ha una deliciosa aiguada en sépia que representa una jove exhibint orgullosa el seu fill deforme al davant de dues velles inquisitives".

També són extraordinàries les pàgines dedicades al doctor Mengele i els seus experiments a Auschwitz amb una família de nans jueus, o l'estudi sobre Toulouse-Lautrec i la seua osteopetrosi, de caràcter congènit, i molt probablement conseqüència de l'alt nivell d'endogàmia de la família Lautrec. Leroi conta una anècdota sobre el pintor, que d'alguna manera resumeix bona part del leitmotiv del llibre: "La propietària d'un gos va reconèixer que l'animal no era bonic, però va insistir que era de pura raça. 'Digueli, monsieur Lautrec, que el meu gos perfectament pot ser lleig i tenir pedigrí'. Henri va baixar del seu alt tamboret, la va mirar des del seu metre cinquanta i va murmurar: 'A mi m'ho dirà, això'."

I així és: molts casos de malformacions són conseqüència d'un alt grau d'homozigosi. "Els pares de Lautrec eren cosins germans: varen engendrar setze fills, dels quals quatre, inclòs Henri, patien de nanisme", explica Leroi. I afegeix: "Qui són els mutants? Tots soms mutants". Sí, sens dubte: el nostre genoma es troba farcit de gens defectuosos, de brossa genètica. Recorde una entrevista al genètic Jaume Bertranpetit, publicada en la revista *Mètode*, on afirmava: "Som transgènics perquè el nostre material genètic està integrat per trossos d'altres genomes, de manera que més de la meitat del nostre genoma no té res a veure amb nosaltres. I, a més, som mutants". Però alguns més que altres, caldria també matisar. I entre ells, especialment, els que tenen sang blava. Aquests sí que són mutants.

EL PARADIGMÀTIC KUHN

Fa uns anys Jorge Wagensberg va encunyar un aforisme molt celebrat per la comunitat científica: "Com més Popper menys Kuhn". L'home de ciència —si és que entra en les disquisicions d'intentar entendre filosòficament què és la ciència— és en general popperià (seguidor fervent del filòsof angloaustríac Karl Popper), i es mostra bastant contrari als plantejaments historicistes de Thomas Kuhn. Si per Popper la ciència és una representació mental, objectiva i intel·ligible de la realitat, per Kuhn és una representació mental i subjectiva d'intel·ligibilitat, la qual depèn del moment de l'observador dins de la història de la seua comunitat. Per tant, per Popper la ciència és una construcció universal (independent de la intervenció humana), mentre que per Kuhn és una construcció social (que depèn de la manera de mirar i interpretar la realitat en cada època).

La lectura d'aquesta nova edició de *L'estructura de les revolucions científiques*, per primera vegada traduïda al català, i convenientment prologada per Xavier Roqué i John L. Heilbron, resulta molt atractiva, i sens dubte ha estat un gran encert per a l'inici de la col·lecció *Ciència i Acció*. Kuhn és polèmic, suggestiu i ens persuadeix més que ens convenç. Utilitza amb virtuosisme els seus amplis coneixements d'història de la física per anar desgranant el seu bigarrat corpus filosòfic, i és molt il·lustrador com argumenta que la ciència avança a colps de revolució, i com un paradigma és desplaçat per un altre. Quines són les característiques essencials d'un paradigma? D'una banda, el fet que els seus resultats siguen prou innovadors per a atraure seguidors d'altres activitats científiques rivals i, de l'altra, el fet que siguen prou oberts per a deixar als practicants aplegats en aquest nou grup tota mena de problemes per a resoldre.

I, tanmateix, la lectura actual d'aquest clàssic —tan citat com poc llegit— és més interessant per la forma en la qual se'ns contextualitza la percepció de la història de la ciència durant bona part del segle XX, que per les noves idees que ens puga aportar. Queda una mica antic, i les seues llargues frases tècniques de vegades desmoralitzen el lector mal preparat per a aquesta mena d'escalada intel·lectual ("Per tal de demostrar que la dinàmica de Newton n'és un cas especial hem d'afegir enunciats addicionals als E_i com és ara $(v/c)^2 \ll 1$, que restringeixen l'àmbit dels paràmetres i de les variables"). I malgrat això, cal llegir-lo, cal conèixer-lo, i cal argumentar amb una mica de coneixement de causa.

Com més Popper menys Kuhn? Diuen que Popper va convidar Kuhn a casa seua. Aquest era al·lèrgic al fum, i l'amfitrió un fumador compulsiu de cigarretes. La comunicació entre ells va fracassar, entre altres motius, a causa dels estossecs de Kuhn i de les alenades ansioses de tabac de Popper. Per sota, hi havia una antipatia profunda entre ells, i una visió incompatible: Popper menyspreava la història de la ciència i Thomas Kuhn, estudiant els principals protagonistes científics, mantenia que aquesta no avançava solament a través de l'acumulació i el perfeccionament, sinó també amb canvis dràstics i radicals, és a dir, a través de la ruptura i de la reconstrucció dels fonaments de la pràctica científica. Com explica Steve Fuller, en *Kuhn vs. Popper*, tots dos es varen transformar en icones immiscibles de la ciència: Kuhn encapçalant el corrent postmodern i Popper, el positivista.

El paradigma de Popper desplaçarà algun dia el paradigma de Kuhn? Per la meua banda, em quede amb Popper i la seua frase: "Allò que realment fa que la ciència progresse són les idees noves, inclús les falses". Kuhn va morir l'any 1996 a causa d'un càncer de pulmó, i això ben justifica, si més no, la seua instintiva aversió al tabac i als fumadors. Entre ells, a Karl Popper.

INCERT HEISENBERG

"Voltaire és per sobre de tot un gran senyor de la intel·ligència. El seu nom en un dels meus escrits és un vertader progrés envers la meua persona", escriu Nietzsche en *Ecce homo*. I quelcom de semblant declararien molts físics davant el nom de Heisenberg. Pocs físics susciten tanta admiració i respecte: Einstein és genial però inassolible; Bohr, un savi, però eternament malhumorat; Feynman, un físic divertit (potser massa divertit); Pauli, un home extravagant i tranuitador, però Heisenberg... Heisenberg és el Gran Somniador, el físic que per a sortir del marasme dels seus càlculs impossibles viatja a una illa semideserta i llegeix Goethe, en una metamorfosi que recorda algun oli romàntic de Caspar David Friedrich. Heisenberg és aquell físic una mica filòsof, idealista i complex, que després de tantes voltes i cavil·lacions, després de tants entrebancs, concebria el Principi d'Incertesa (o d'Indeterminació), segons el qual no podem conèixer al mateix temps la posició i la velocitat d'una partícula: com major és la precisió d'una, menor és la mesura de l'altra.

David Lindley, en *Incertesa: Einstein, Heisenberg, Bohr i la lluita per l'essència de la ciència*, narra com es va gestar aquest principi, i sobretot explica, amb un notable encert expositiu, la física de principis del segle xx, quan coexistiren tants físics excepcionals. Lindley és astrofísic i ha estat editor de prestigioses revistes científiques, com *Science* i *Nature*. Aquesta exigència i amenitat es percep en la presentació de les idees, introduint anècdotes sucoses, com el costum de Bohr de dir "molt interessant" quan alguna cosa en el fons li semblava sense cap fonament; o l'opinió d'Einstein sobre un controvertit article de Bohr, que va despatxar amb un "*dégoutant*"; o el caràcter elegant i alhora relliscós de Heisenberg, per exemple quan li preguntaren per les seues idees religioses: "Si algú diguera que jo no era cristià s'equivocaria. Però si algú diguera que jo era cristià, estaria dient massa". Incert Heisenberg!

Com indica Lindley, el Principi d'Incertesa va trastocar els coneixements de la Física del moment. Bohr va intentar conciliar aquestes idees amb la seua antiga concepció de la teoria quàntica, però a Einstein li semblaren monstruoses perquè "en el món de Heisenberg la mateixa idea d'un fet cert sembla ensulsiar-se". Aquest llibre és la crònica de la feroç disputa entre Bohr, Heisenberg i Einstein, àlies el Vell Mestre. Amb una frase de Henry Adams com a preàmbul: "El caos era la llei de la naturalesa; l'ordre era el somni de l'home". Una frase amb què Heisenberg estava plenament d'acord.

BOHR I LA BOMBA ATÒMICA

"La ciència no té res de què avergonyir-se, ni de les ruïnes de Nagasaki", va afirmar el matemàtic i escriptor Jacob Bronowski. I encara que entenem la seua postura —els culpables no són els científics, ni la mateixa ciència, sinó tan sols la societat que fa un ús il·legítim de les descobertes—, la frase no deixa de resultar massa rotunda. I més si acabem de llegir el llibre de Diana Preston *Abans d'Hiroshima. De Marie Curie a la bomba atòmica*. Aquesta historiadora, amb una gran capacitat expositiva, realitza una detallada crònica d'aquells dies, des del descobriment de les substàncies radioactives fins quan s'utilizaren com a armes de destrucció massiva. En realitat, al principi es pensava que era molt difícil aconseguir una emissió massiva d'energia, fins a l'extrem que Einstein deia que les probabilitats eren semblants a les "d'un cec en una nit fosca que caça ànecs disparant a l'aire en un país en el qual hi ha molt pocs ànecs".

Preston, amb gran habilitat, va presentant els grans protagonistes de la física de principis del segle XX, una brillant galeria de noms prestigiosos, la major part dels quals premis Nobel. Hi ha al mateix temps un retrat humà i psicològic (com el de l'excèntric Leo Szilard), carregat d'anècdotes (el vell cocodril Rutherford i el gran jugador de ping-pong Heisenberg). I rere aquesta tendra imatge, de costumisme científic, s'assisteix a la gestació dels grans dilemes morals. En la Primera Guerra Mundial, la major part dels científics col·laboraren amb la indústria militar (Rutherford construint sonars contra els submarins i nombrosos científics alemanys ideant armes químiques). I en la Segona Gran Guerra, molts físics nord-americans es varen veure obligats a participar en el *Projecte Manhattan*. Molts altres eren físics jueus refugiats; el capítol "Persecució i purga" mostra les rivalitats i les misèries d'aquells anys de l'Alemanya nazi: "Considerada bastió dels jueus, la física suscitava atacs especialment virulents. Físics que havien estat guardonats amb el premi Nobel com Johannes Stark i Philipp Lenard encapçalaren l'atac. En els anys vint ja s'havien erigit en figures de 'l'autèntica física alemanya' i havien denunciat la 'física jueva' d'Einstein". Físics "nazis" contra físics "jueus", tots ells investigant en la bomba atòmica.

Però aquest llibre no sols tracta sobre la construcció d'aquestes armes, sinó en última instància sobre l'obligació moral del científic. Al meu parer aquest és el debat de fons més interessant. Niels Bohr pensava —com la major part dels homes de ciència, Fermi entre ells— que "la transparència és la condició bàsica de la ciència, ningú deu obstruir-la". És a dir, que els resultats dels científics s'han de publicar sempre, encara que aquelles descobertes (com les que airejaren els Joliot-Curie sobre la desintegració de l'urani) foren en si mateixes una temible amenaça per a la humanitat. L'argument de Bohr i dels seus seguidors és posar la ciència per sobre de tot, i *pereat mundus*.

En canvi, Leo Szilard pregava desesperadament als seus companys que no publicaren aquelles investigacions —i més a un pas del conflicte bèl·lic—, que feren tot el possible perquè es mantingueren ocultes. Però l'ego dels científics va ser més fort que la prudència, i una vegada publicades no hi hagué altre remei que avançar-se a fabricar i utilitzar la bomba. Per a eterna vergonya dels homes i de la ciència. O per dir-ho d'una altra manera: inopinadament, el cec va encertar l'ànec en la nit fosca. Per a desgràcia de tots.

OSCAR WILDE I L'HERÈNCIA

"L'herència és la darrera de les fatalitats, i la més terrible", va dir Oscar Wilde. No sabem si aquella sentència tenia alguna causa personal. Com va indicar Frank Harris, i com s'ha dit de tants autors (per exemple de Voltaire), Wilde vendria l'ànima al diable per una frase brillant, justificada o no. Però potser, en aquest cas, sí que temia la seua herència genètica, i les conseqüències de portar en la sang alguna tara o malaltia. Wilde sempre tindria un viu interès per l'herència, i per les teories de Charles Darwin, Ernst Haeckel i August Weismann.

El llibre de Henry Gee *L'escala de Jacob. La història del genoma humà* ens condueix per tot un ampli elenc de perplexitats i de preguntes, que a poc a poc, al llarg del temps, els científics han anat més o menys contestant: Què és l'herència? Quina és la seua substància? On resideix la matèria de la vida? Què dóna forma a allò informe? Henry Gee corria el risc d'escriure un llibre tediós. Per algun motiu, la genètica —i els seus problemes— és la part més àrida i feixuga dels estudis acadèmics de Biologia. Però, en aquest cas, estem davant d'un llibre molt ben construït, original en l'enfocament i en la forma d'anar avançant, graó a graó, en la comprensió de la vida. I encara que hi ha poques concessions a l'anècdota i tot busca ocupar el seu lloc en el conjunt de la història, es llegeix amb gust. I sobretot és un llibre excel·lent per a complementar altres lectures i descobrir autors i texts.

Per tant, des d'Aristòtil (que es va preguntar per què les dones embarassades no menstruaven i va arribar a la conclusió que els bebès es formaven a partir de la sang retinguda) i els homuncles de Hartsoeker (aquells homeneus ajupits que es va creure veure a l'interior dels espermatozous), fins als descobriments en *Drosophila* de Morgan i en els pneumococs d'Avery, el camí és llarg i apassionant. Amb la sentència de Harvey "Ex ovo Omnia" com a frontispici: "Les portades de les dues primeres edicions d'*Exercitationes* de Harvey mostraven Zeus entronitzat i sostenint un ou a punt de descloure's, un ou del qual estava a punt d'emergir un gavadal de bèsties. En l'ou apareix escrit *Ex Ovo Omnia*: 'Tot procedeix de l'ou'".

Henry Gee —que és genètic i editor sènior de la prestigiosa revista *Nature*— combina la seua capacitat científica amb el seu domini de l'idioma i de la ironia, i el text sempre és atractiu, inclús quan s'endinsa en els camps tan complexos dels gens reguladors, gens Hox i FOXP2. Però és precisament aquesta última part, de gran actualitat, allò que dóna una particular profunditat al seu treball, i la seua discussió sobre on resideix en el nostre genoma l'"essència humana" és particularment brillant. "Els éssers humans ara poden estudiar-se a ells mateixos i estudiar el seu origen, mentre que no hi ha cap evidència que cap altre organisme tinga aquesta habilitat. Si el genoma humà realment atresora la clau d'allò que significa ser humà, els senyals d'aquesta transició haurien de ser abundants en el nostre genoma i exclusives d'ell. Però aquests senyals no existeixen. En realitat, no és diferent qualitativament del de qualsevol altre organisme."

Aleshores, què és el que ens fa humans? On es troba l'espurna de la humanitat, la seu de l'ànima? En el darrer capítol, titulat "L'escala de Jacob", Gee s'aventura sobre el futur de la humanitat, i com la teràpia gènica podrà no sols ajudar a superar malalties hereditàries, sinó també a alterar el nostre metabolisme: "El canvi de sexe, l'addició d'extremitats o inclús el desenvolupament de plomes podria reflectir opcions personals sinceres, amb significat religiós o espiritual. Cap d'aquests canvis necessita ser permanent, per la qual cosa, una vegada realitzats, la persona no ha de viure amb ells la resta de la seua vida i menys transmetre'ls a la següent generació". El que Gee ens vol fer entendre és que el nostre genoma conté infinitat de possibilitats, la majoria de les quals inexplotades, i que la genètica en un futur molt proper podrà traure-li tot el suc possible. Fins i tot podrem menjar amb gana i no engreixar, o beure alcohol i prendre drogues sense patir-ne les conseqüències. I no sols podrem explotar el nostre genoma, sinó també el dels microorganismes, les plantes i els animals, canviant el món de manera irrevocable, per a bé o per a mal: "Es crearan noves vides, nous organismes per a satisfer els nostres capricis, per a la nostra comoditat".

I a això al·ludeix el títol del llibre, que s'explica en el darrer paràgraf: "En el llibre del Gènesi Déu oferia a Jacob una visió dels àngels ascendint fins al cel i li deia com heretarien els seus descendents la Terra. (...) La transformació dels éssers humans en àngels podria semblar pura ciència-ficció, una cosa de la qual de moment no cal preocupar-se, almenys a curt termini. Però els núvols ja s'estan ajuntant". Per tant, és possible que en un futur l'herència ja no siga la darrera de les fatalitats, com es lamentava Oscar Wilde. Esperem que aquesta "transformació en àngels" siga per a bé i l'home sàpiga culminar dignament l'aventura més important de la vida. Una aventura que, segons Henry Gee, no ha fet res més que començar.

ELS BONS CONSELLS DE SIR PETER MEDAWAR

Durant els darrers anys les facultats de ciències espanyoles han vist decréixer progressivament el nombre d'alumnes matriculats. En aquests moments, algunes carreres de ciències pures (física, matemàtiques, químiques) tenen vertaders problemes per a mantenir el seu programa docent (algunes assignatures sols tenen un parell de matriculats i els màsters i els doctorats també enllangoreixen per la falta d'alumnes). Així les coses, el llibre *Consells a un jove científic* de Medawar és més necessari i peremptori que mai: aquests consells, que recorden els de Rilke a un jove poeta, són absolutament magnífics.

Medawar, premi Nobel de Medicina en 1960, és un destacat escriptor i divulgador. El seu llibre *L'art d'allò soluble* és un clàssic, on ja reflexiona sobre el mètode científic: "Cap científic és admirat si fracassa en el moment d'intentar resoldre problemes que superen la seua capacitat: com a molt, pot esperar l'amable menyspreu del polític utòpic. Si la política és l'art d'allò possible, la investigació és, sens dubte, l'art d'allò soluble: totes dues activitats són eminentment pràctiques. Els bons científics estudien les qüestions més importants que creuen resoldre; al capdavall, la seua comesa professional és solucionar problemes, i no sols esforçar-se a fer-ho". Certament és així: el que diferencia la ciència de les arts és el triomf, i a més a més, haver estat el primer. De res serveix (o de ben poc) ser el segon; la prioritat científica esborra tots els que ho han intentat però han arribat massa tard.

En *Consells a un jove científic*, Medawar parla de les virtuts i els perills de la investigació, i al llarg d'aquestes pàgines desenvolupa un vertader quadre de costums: com són els homes de ciència, com es comporten, quins són els seus somnis, com interaccionen entre ells, i molts altres aspectes, tan entretinguts com oportuns. La seua prosa cristal·lina, el seu sentit de l'humor tan anglosaxó, les seues formes retòriques, tot contribueix a fer un text agradable de llegir, que pot interessar no sols el científic, sinó —com el mateix autor explica— qualsevol investigador. Investigar fa l'home, ens diu Medawar, i per a ell no pot haver-hi professió millor en aquest món. I rebla la idea amb aquesta frase, una sentència que potser s'hauria de posar a l'entrada de totes les facultats del món: "Cap científic en actiu es considera vell, i mentre la salut, les regles de jubilació i la fortuna li permeten continuar la seua investigació, gaudirà del mateix privilegi del científic jove: sentir-se renascut cada matí". I insisteix en un altre moment: "La majoria dels homes de ciència són joves en anys, i ningú que estiga activament dedicat a la investigació no es considera mai vell".

Després de tot açò, no cal preguntar-se sobre els avantatges de dedicar-se a la ciència. Aquest elixir de joventut és impagable. Sir Peter Medawar va morir l'any 1987, però els seus llibres, la seua obra científica i el seu exemple personal, humà i intel·lectual, segueixen particularment vius.

Potser perquè ell mai no va abandonar la investigació i mai no es va sentir vell. I els seus llibres ens acompanyen al llarg del temps, amb la seua vitalitat i claredat d'idees: "Aquells que escriuen de forma obscura són incapaços d'escriure; fins i tot són nocius".

Hi estic d'acord. I viceversa: aquells que escriuen de forma clara són una benedicció.

HARVEY I ELS LLADRES DE COSSOS

Mary Roach, en el llibre *Despulles. La fascinant vida dels cadàvers*, parla del robatori de morts com una pràctica habitual durant els segles XVII i XVIII. Els lladres de cossos no eren més que uns xitxarel·los, però, i els anatomistes? Els professors de medicina, com ara Charles Collignon de Cambridge, encarregaven el robatori per a realitzar pràctiques de dissecció. Un d'ells, Sir Astley Cooper, es defensava amb un argument de pes: "Si un no ha operat amb els morts haurà de destrossar els vius". El famós William Harvey, descobridor de la circulació sanguínia, estava tan entregat a la seua investigació que va disseccionar el seu pare i la seua germana. En aquest cas ho féu perquè el robatori li resultava del tot insuportable, i va aprofitar l'avinentesa de la mort dels seus familiars per a poder corroborar moltes de les seues idees. Com diu Roach, parlant ja d'èpoques posteriors: "En 1828 la demanda de les escoles d'anatomia de Londres era tal que podia mantenir ocupats deu lladres de cossos a temps complet i prop de dos-cents a temps parcial durant la 'temporada' de dissecció". A aquests lladres de cossos se'ls anomenava "resurreccionistes", no sense una punta d'humor.

El text de Mary Roach, periodista i psicòloga de San Francisco, està farcit d'històries semblants, en què el leitmotiv sempre és el cadàver humà. Alguns capítols són més sinistres —el de la descomposició—, i altres molt més tolerables, com el dedicat a l'especialista en catàstrofes aèries, que és capaç de reconstruir la tragèdia basant-se en les restes dels cossos. De manera molt particular resulta curiós el titulat "El Sant Cadàver", que se centra en la posició de Crist en la creu, i en les experiències que alguns fervorosos anatomistes portaren a terme. "Si hi havia moments en què les cames de Jesús cedien totalment i el pes de tot el cos penjava de les palmes clavades en la creu, ¿com és que no se li esgarraren les mans?", es pregunta l'autora. Per a resoldre el dilema, recupera el treball del cirurgià Pierre Barbet, autor d'un estrambòtic llibre titulat *Un doctor en el Calvari*: *La Passió de Crist descrita per un cirurgià*, que va realitzar una sèrie d'experiments "durant tretze anys en què va viure en estret contacte amb cadàvers". Entre les moltes qüestions que es planteja aquest autor figura la de la posició de Jesús en la creu. Barbet va realitzar l'experiment següent: "Després d'amputar dos terços de braç a un home fornit, li vaig entravessar la palma amb un clau d'un centímetre de secció quadrada (el clau de la Passió)... Vaig penjar amb suavitat un pes de quaranta-cinc quilograms del colze (la meitat aproximada d'un home de prop de metre vuitanta). A continuació, li vaig donar una espenta i vaig veure que el clau lliscava fora de la palma entre els ossos metacarpians i hi provocava un gran esquinçament".

Segons Pierre Barbet, a Crist no el van penjar de les mans, almenys en la postura que reclamen els ortodoxos, sinó possiblement dels avantbraços. O bé, molt probablement, en una postura fetal. És clar que si al final aquesta posició es consolida, engegaria a rodar tota la iconografia de la Passió, totes les crucifixions, des de Giotto fins a Velázquez. Crist no estava recte a la creu, mostrant el seu cos musculós i prim, sinó mig ajupit, en una posició molt menys elegant i masculina. El cos de Crist no sols ha interessat els pintors com a fill de Déu, sinó com a model d'home, i en aquell cos en tensió, maltractat i al mateix temps tortuosament distingit, hi han posat tot el seu tremp.

Siga com siga, retornant al tema que ens ocupa, el doctor Jean Pierre Mégnin va escriure l'any 1876 un llibre titulat *La fauna dels cadàvers. Aplicació de l'entomologia a la medicina general*. Aquest text, obra mestra i capdavantera en l'estudi de la fauna cadavèrica, va explicar per primera vegada com analitzant l'entomofauna es pot esbrinar el temps que porta un cos sense vida, i altres dades sobre les circumstàncies de la seua mort. I també l'implacable i indestructible instint dels insectes necròfags. Escriu Mégnin: "Redi també va tractar de refutar l'opinió tan comunament repetida en l'oratòria sagrada, a propòsit de la vanitat de l'home, *pastura d'immunds cucs* després de la mort. Va demostrar experimentalment que les mosques no saben cavar la terra, i els cucs de terra que abunden no són carnissers. Va comprovar, mitjançant nombroses experiències, que les carns i els cadàvers soterrats, encara que siga a una distància mitjana, es corrompen lentament, però que no són atacats per cap cuc". En canvi, Mégnin demostra que un cadàver mai no està del tot a l'abric dels insectes, encara que se'l col·loque en un taüt de plom.

Al capdavall, la relació de la cultura occidental amb la mort és plena de prejudicis i temences. La descomposició de l'ésser estimat es tracta d'ocultar de la manera més ràpida possible, i parlar de la mort i de les seues conseqüències es considera de mal gust. També es busca preservar el descans dels ossos del finat de la forma més segura i inviolable possible; Voltaire, per exemple, tenia pànic al que poguera succeir amb les seues despulles després de mort. Com així va passar: la seua tomba fou saquejada durant la Revolució Francesa, i bocins dels seus ossos acabaren en mans dels revolucionaris com una mena de talismà invencible. Un d'ells, un periodista de nom Leclair, duia penjant una dent del filòsof en un estoig vermell on es podia llegir: "Les prêtres ont caussé tant de mal à la terre/ Que j'ai gardé contre eux une dent de Voltaire". ("Els sacerdots han causat tant de mal en la terra/ Que he conservat contra ells una dent de Voltaire").

Potser qui amb més intel·ligència va tractar aquests assumptes funeraris fou Denis Diderot. En *El nebot de Rameau* mostra el seu profund desinterès per tot el que li puga passar després de mort: "*Oh stercus pretiosum!* Aquest és el gran resultat de la vida en tots els estats. [...] Podrir-se sota marbre, o sota terra, és sempre podrir-se". I això és potser el més assenyat que es pot dir. Aquest llibre sobre la fascinant vida dels cadàvers hauria estat molt distint si l'equilibrat i escèptic pensament de l'enciclopedista haguera tingut més èxit. De segur que a Diderot no li haguera importat gens ni mica ser disseccionat per algun famós anatomista del seu temps. Ara sabem que William Harvey va prendre moltes notes de la dissecció dels seus parents, dels quals va consignar, com a excepcionals, el gran còlon patern i l'àmplia melsa de la seua germana.

LA CURIOSITAT D'EUGENI D'ORS

Hi ha alguna cosa excessiva en Eugeni d'Ors que em resulta sempre atractiva. Com s'esdevé amb Nabokov els seus judicis són sempre contundents i mai no defrauden el lector. I les seues decisions, dràstiques, rotundes, de vegades desafortunades, però no per això menys valentes. I això es percep perfectament en aquest assaig, *La curiositat*, excel·lentment prologat per Xavier Pla. D'Ors no sols va voler ser el guia intel·lectual de Catalunya, sinó que, a més a més, va buscar passar a la història com a científic. D'Ors entenia el concepte de curiositat com l'element clau que estimula a filosofar, com l'impuls que anima a comprendre, i ho assimilava a "l'apassionada, desinteressada, lliure, àgil curiositat científica".

En aquest assaig, que és una crònica breu dels èxits més importants del coneixement científic, trobem moltes opinions sobre figures de la ciència, que després tornaran a aparèixer en les seues gloses, especialment en *La vall de Josafat*, aquell recull de noms il·lustres que no em canse de consultar.

Aforismes i sentències sobre Plini, Dioscòrides, Vesal, Servet, Belon, Harvey, Leeuwenhoek, Linné, Jussieu, Geoffroy Saint-Hilaire... És aquesta capacitat de síntesi orsiana la que resulta tan enlluernadora, el seu afany per resumir, per distingir allò substantiu d'allò complementari. Com Joubert, busca introduir tot un llibre en una pàgina, tota una pàgina en una frase, i tota una frase en una paraula.

Quan Eugeni d'Ors va morir, l'únic intel·lectual que es va animar a escriure una necrològica i sortir en defensa seua fou Joan Fuster: "Té un profund sentit el fet que E. d'Ors dedicàs, des d'un principi, la millor part del seu esforç literari al periòdic... El seu *Glosari* quotidià representa un treball perseverant i lúcid sobre la consciència col·lectiva de la gran massa de lectors del país... El seu propòsit era suscitar la virtut de la curiositat, i per la seua tasca aprofitava l'instrument més eficaç, de major difusió: la premsa". I així fou, en efecte: tot en Eugeni d'Ors propendeix cap a aquell objectiu primordial de despertar la curiositat dels seus paisans. Com també faria el mateix Fuster amb els seus conciutadans valencians. Un llegat intel·lectual que seria de la màxima influència en ell (es podria dir que Fuster és un híbrid de D'Ors i Ortega); com reconeixia l'intel·lectual de Sueca en un article titulat *Ensenyar el cul cada dia*: "Escriure, per mi, és opinar [...]. L'important és "influir" d'alguna manera en un àmbit de lectors. Per "influir" no entenc "adoctrinar": més aviat, incitar a la reflexió".

Despertar la curiositat i incitar a la reflexió. Potser per tot açò la lectura de D'Ors segueix sent instructiva, i els seus judicis tan encertats. Quasi cent anys després d'haver estat escrites, aquestes pàgines sobre l'esforç científic ens animen com el primer dia a descobrir la bellesa del món. *La curiositat* d'Eugeni d'Ors és un llibre escrit per a crear a Catalunya homes de ciència. *Científics* genials i excessius com ell.

VOLDRÍEM SER GOETHE

Eugeni d'Ors escriu en *La vall de Josafat*: "Voldríem *parlar* com Demòstenes, *escriure* com Boccaccio, *pintar* com Leonardo, *saber* com Leibniz, *tenir* com Napoleó, un ample imperi, o un jardí botànic, com Ruelbeck...Voldríem *ésser* Goethe". Voldríem ser Goethe, és a dir, voldríem ser allò que Napoleó va exclamar, quan el va rebre a Erfurt: "Vet ací un home!". No un home en el sentit viril i guerrer, que d'aquells n'anava ben sobrat l'emperador, sinó un home com a sublim triomf del coneixement i de l'educació. Perquè Goethe no sols fou un gran escriptor, sinó que alhora va representar l'excel·lència social, va encarnar millor que ningú l'amor a la cultura i a la bona societat.

En aquest sentit, les *Converses amb Goethe* de Johann Peter Eckermann (del fidel Eckart, com l'anomenava l'autor del *Werther*) és un llibre molt bonic. I no sols perquè aquell jove poeta que es dirigeix al geni consagrat transcriu les idees goethianes amb encert i estima, sinó perquè des del seu candorós entusiasme aconsegueix humanitzar l'olímpic i una mica encartonat Goethe. Si James Boswell va fixar per sempre Samuel Johnson, Eckermann va aconseguir immortalitzar el més immortal de tots els homes, i ho va fer en la seua monumental i polièdrica dispersió intellectual. Hi ha pocs llibres tan rics, en els quals els temes siguen tan variats, i on es combinen amb tanta facilitat la literatura, l'art, la música i la ciència. Tot interessa l'*home* Goethe, perquè tot l'ajuda a entendre el món. I per això aquestes conversacions són una espècie de *summa mundi*, un inventari de les tendències científiques, artístiques i literàries de principis del segle XIX.

Com escriu Sainte-Beuve, en un dels seus *lundis*, Goethe fou el darrer epígon del segle de les llums, que va voler corregir Newton, igualar Voltaire i destronar Shakespeare. Potser no va aconseguir plenament cap d'aquests objectius, però, en canvi, sí que va reeixir a ser l'humanista més important del seu temps. Sovint s'oblida aquesta visió polièdrica del coneixement goethià, aquesta recerca spinoziana d'una idea comuna per a tot. I amb freqüència es menyspreen les seues indagacions científiques, que es prenen per passatemps de diletant (per exemple, en la solapa d'aquesta edició d'Acantilado s'anuncia "més de mil pàgines de reflexions sobre art i literatura"... Però, i la ciència?).

Un greu error perquè aquest també és un llibre per als amants del pensament científic. Hi trobaran acalorades discussions sobre l'òptica de Newton (fins a l'extrem que Goethe va arribar a creure que seria més recordat per les seues aportacions a la física de la llum que per les seues obres literàries); les polèmiques sobre anatomia comparada entre Cuvier i Saint-Hilaire (Goethe es va posicionar encertadament a favor d'aquest últim); les seues idees sobre la ciència i la vida científica (com li dolia que els científics no reconegueren les seues aportacions!). Però, per sobre de tot, el que hi ha és molta filosofia de la naturalesa, en la qual Goethe va arribar a ser un visionari. Algunes idees enardides són precursores de l'evolucionisme (el seu assaig sobre la metamorfosi de les plantes), altres recorden la teoria Gaia de Lovelock-Margulis: "A la terra i el seu cercle de vapor me la imagine metafòricament com si fóra una gran criatura viva sumida en una inspiració i expiració eternes".

També hi ha judicis intel·ligents sobre científics: "Aristòtil va saber veure la naturalesa millor que qualsevol altre modern, però es precipitava massa en les seues opinions. Amb la naturalesa cal procedir d'espai i amb indulgència, si és que volem sostraure-li alguna cosa de profit". Però la història natural li serveix especialment per a entendre millor el món en què viu, malgrat que per a això haja de dedicar-li no sols una part essencial del seu temps, sinó també molts diners: "Cadascuna de les meues observacions em costa una bossa plena d'or; he hagut d'invertir mig milió del meu patrimoni privat per arribar a aprendre tot el que ara sé: no sols tota la fortuna del meu pare, sinó també els meus propis emoluments i els meus considerables ingressos literaris des de fa més de cinquanta anys (...). No obstant això, sense els esforços que he realitzat en les ciències naturals, mai no hauria conegut els homes tal com són".

I, tanmateix, és aquest estudi de la naturalesa el que li permet a Eckermann rectificar al seu mestre. Una vesprada de setembre de 1827, mentre passejaven per les muntanyes de Rosenberg, un grup d'ocells es va posar sobre uns arbusts: "Goethe em va preguntar si eren aloses. 'Estimat i bon amic', vaig pensar, 'hauràs estudiat la naturalesa com ben pocs, però en ornitologia pareix que segueixes sent un nen'". Eckermann era un apassionat ornitòleg, i per primera vegada la seua veu s'imposa amb orgull: "Són gorrions i repicatalons. Potser que també hi haja algunes busqueretes endarrerides que, després d'haver esperat la muda, han baixat de l'espessor de l'Ettersberg cap als jardins i camps, preparant-se per a continuar el seu camí. Però, sens dubte, no són aloses. No és propi de la naturalesa de les aloses posar-se als arbusts. L'alosa comuna vola cap amunt i baixa de nou al terra, i a la tardor acostuma a travessar els aires en bandada i potser que es pose en algun camp de rostolls, però mai no es detindrà en arbusts i matolls". Goethe el va mirar amb sorpresa, però a partir d'aquell moment l'interroga sobre la naturalesa dels ocells, i de sobte el mestre és Eckermann i el deixeble, l'autor de *Faust*, i el text s'ompli de busqueretes, de falcons, d'oriols, de bosquetes, fins arribar a les esplèndides pàgines que dedica a la història natural del cucut.

I és precisament aquell interès compartit pels misteris de la naturalesa el que referma la seua amistat. Parlant de la naturalesa s'estableix un diàleg, d'igual a igual: "Però digue'm —li pregunta Goethe—, com ho fa el cucut per a portar el seu ou al niu del caragolet, quan aquest té una obertura tan petita que ni tan sols pot travessar-la ni asseure's damunt?" I Eckermann contesta de seguida: "Diposita l'ou en algun lloc i l'hi introdueix amb el bec". I Goethe segueix preguntant, admirat, entusiasmat, animant el seu amic a prosseguir els seus estudis naturalístics.

Aquesta és la grandesa de Goethe, la seua infinita curiositat. Per això tot el que ens remet a ell és interessant. Si en els diaris d'Eckermann trobem aquella suggeridora crònica quotidiana, en la correspondència amb Meyer descobrim la seua passió per la pintura (Goethe també va voler ser pintor); en la de Riemer, la seua formació clàssica; en la de Zelter, el seu amor per la música. Res no li és aliè. Sempre desitja aprendre. De la història natural passa a Newton i d'aquest a Mozart i Mendelssohn, a Dürer i Holbein, a Virgili, Shakespeare i Molière. Ja ho deia Eugeni d'Ors: voldríem ser Goethe! Sí, sens dubte, voldríem ser un *home*.

ELOGI DE BUFFON

L'any 2007 es va commemorar el tricentenari del naixement de Carl von Linné i del comte de Buffon, amb exposicions, reedicions (l'obra de Buffon es publica per primera vegada en La Pléiade), i amb conferències, com les organitzades per la Societat Catalana d'Història de la Ciència. Linné i Buffon foren enemics declarats; Linné va batejar amb el nom de *Buffonia* una planta reptant i pudent, i Buffon considerava el botànic suec un presumptuós que anava posant noms ridículs (i de vegades ofensius: Linné també li va dedicar el gripau comú, és a dir, *Bufo bufo*) a tot ésser viu. És important destacar aquest antagonisme, perquè sovint la Il·lustració s'interpreta com un simple front (la unió dels germans del clan enciclopèdic), quan en realitat hi havia moltes faccions diferents i sovint enfrontades: volterians, rousseaunians, enciclopedistes, fontenellians, freronians, linneans... Buffon animava un d'aquells grups, en el qual s'incloïa el seu company i gran treballador Louis Daubenton, i els seus seguidors Bernard de Lacépede i Jean-Baptiste Lamarck. Però la tropa de linneans fou immensa i va omplir el món.

En qualsevol cas, tant Buffon com Linné aconseguiren revolucionar el panorama científic. El taxònom suec va ordenar la naturalesa (Eugeni d'Ors l'anomenava, amb admiració, "el nou Adam"), va introduir l'estudi d'anatomia comparada en el moment de reagrupar les espècies a partir del parentesc, i sobretot va crear la sistemàtica binomial: el fet que cada taxó tinguera dos noms distintius (en el nostre cas: *Homo sapiens*). Aquest instrument sistemàtic va significar un gran avanç, per la seua senzillesa, versatilitat i facilitat per a descobrir i encunyar noves espècies. El mateix Linné es va autodedicar la *Linnaea borealis*, una bella planta de campànules blaves, la descripció de la qual va acompanyar amb el seu retrat i la inscripció: "Viro Clarissimo Carolo Linnaeo".

Amb el claríssim Linné es va entendre per primera vegada l'abast de la radiació i diversitat de la vida. En canvi, a Buffon la naturalesa li interessava sobretot com a motiu filosòfic. Jean-Jacques Rousseau el considerava l'escriptor més important del segle, i sens dubte les seues descripcions de la vida dels animals són d'una excepcional bellesa i elegància (la del gos o la del cavall són clàssics de la literatura francesa). Però, al mateix temps, sota la seua prosa sòlida i cisellada (un dels seus texts més bells és precisament un *Discurs sobre l'estil*, de l'any 1757), sota aquella prosa exquisida i artesanal hi ha el desig d'anar una mica més lluny, de reflexionar sobre la naturalesa dels animals, i molt especialment sobre el lloc que ocupa l'home en la creació. El tercer volum de la seua *Història natural*, publicat a principis de l'any 1749, i consagrat a la nostra espècie, fou possiblement l'obra científica més llegida i comentada de la seua època: ningú, fins al moment, no havia parlat amb tanta espontaneïtat de la naturalesa humana, i d'aspectes tan íntims com la reproducció. Els paràgrafs dedicats a l'estudi i la descripció dels espermatozous són sorprenents; sobretot quan explica que els "animàlculs espermàtics" que apareixen en la il·lustració no són "seus": són els d'un ajusticiat per mort violenta (segurament, un penjat).

Les pàgines de la *Història natural* produïren un entusiasme immediat en Denis Diderot. Durant els cinc mesos que va passar en la presó de Vincennes l'any 1749, les va llegir a fons, i d'aquells dies d'aïllament forçat sorgiren moltes obres i idees, i molt especialment l'ideari evolucionista que es percep en els *Pensaments sobre la naturalesa* i en *El somni de D'Alembert*. Si Buffon suggeria, Diderot es llançava a la més entusiasta de les especulacions. Aquest materialisme de la naturalesa el va culminar el baró d'Holbach, amb obres com *Sistema de la naturalesa*, que fou de seguida condemnada pels pares de la Sorbona, i que possiblement això va animar molts lectors a perseverar en la seua intricada i densa prosa, sense entendre segurament massa de què parlava.

Voltaire assistia una mica confús a aquesta visió materialista de la naturalesa. L'autor de *Càndid* fou l'introductor de Newton a França, junt amb la seua amant Madame du Châtelet. La seua aposta per Newton contra Descartes ("Descartes va fer filosofia com es fa una bona novel·la, tot era versemblant, però res vertader", digué el mordaç Arouet) va significar un dels avenços més importants de la ciència francesa i, en definitiva, fou un dels grans motors de la Il·lustració. El mateix Voltaire va escriure un treball gruixut sobre la física de Newton, amb la intenció de posar-lo a l'abast de tothom ("à la portée de tout le monde"). En canvi, totes aquelles rebuscades idees materialistes sobre la naturalesa li semblaven especulacions espúries, que no conduïen enlloc, i també va preparar una rèplica per a tots aquells agosarats especuladors de la matèria (Buffon, Diderot, D'Holbach,...), que va titular *Singularitats de la naturalesa*. És un llibre tant entretingut com oblidat, on el Voltaire sexagenari es diverteix a costa d'aquells naturalistes que esquarteren hidres, recullen fòssils i especulen tan gratuïtament sobre tot. I que conté fragments tan sucosos com aquest: "No sé qui fou el primer que va dir que les abelles tenien un rei. No és probablement un republicà qui va tenir aquesta idea. No sé tampoc qui fou qui les va dotar després d'una reina (...). Inclús s'ha anat més lluny, i s'ha dit que engendrava tres espècies diferents: reines, abellots i criades anomenades obreres, la qual cosa no està d'acord amb les lleis de la naturalesa". Per Voltaire era injust acceptar que es poguera nàixer rei o obrer.

En qualsevol cas, la ciència fou el motor del canvi social. La ciència i també la seua divulgació: perquè des de Fontenelle fins a Voltaire, passant per Diderot o Montesquieu, tots intentaren fer-la arribar al màxim nombre de lectors possible. El segle XVIII és l'inici de la socialització de la ciència, que culminarà en el següent, amb autors com Goethe, Humboldt, Flammarion o el mateix Darwin. I quan amb l'instrument de l'empirisme tot sembla possible. Mai no hi ha hagut més optimisme i més fe en l'home en tota la història de la humanitat. I potser per això el segle XVIII segueix tan ple de llum i de bellesa.

LEONARDO, AQUELL ÀNGEL

"Leonardo va voler ser un àngel i aquest fou el seu gran fracàs", escriu Eugeni d'Ors. És possible que aquesta recerca de la universalitat, que el condueix a ser "un home excessiu", arribe inclús a quotes recriminables. Fins al punt de veure en Leonardo un fracassat, un fracassat en aquell desig il·legítim de ser un àngel. Evidentment estem davant d'un *tour de force* orsià, i en un altre passatge de *La vall de Josafat* indica que els tres clàssics universals són Leonardo, Leibniz i Goethe. D'Ors voldria ser un híbrid dels tres.

Però, per sobre de tot, voldria pintar com Leonardo... Què hi ha en la seua pintura que el distingeix d'una manera tan especial de la resta de pintors? Com escriu Martin Kemp, columnista de la revista *Nature* i creador del projecte Universal Leonardo, per ell pintar no sols era copiar l'aparença de la naturalesa, sinó entendre les seues lleis. Les seues obres reflecteixen no sols la seua perícia artística, sinó el seu excepcional coneixement de la naturalesa. Antonio Baldacci, especialista en l'obra botànica de Leonardo, indica que el seu mestre Verrocchio fou qui el va animar a confeccionar un herbari i a realitzar apunts del natural. Els seus esbossos —que es conserven en la col·lecció Windsor— mostren la seua agudesa naturalista: els apunts de violetes, de lliris, de roures, de joncs, de bova, d'esbarzers, d'anemones i de tantes altres plantes, estan traçats des del coneixement del botànic informat. I escriu Baldacci: "Ja en l'adolescència sorgeix en Leonardo la lluita entre l'art i la ciència. Volent servir l'art, mira la naturalesa i entra sense adonar-se'n en el santuari de la ciència. Així l'art i la ciència es confonen en una mateixa vocació".

Leonardo estudia la geologia, la botànica, la zoologia, el cos humà (amb els seus excepcionals dibuixos d'anatomia), i la seua investigació artística la dirigeix a la ciència, que a poc a poc l'allunya de l'art. Fritjof Capra, en *La ciència de Leonardo*, copsa, amb excepcional mestria, la pulsió entre el desig d'investigar i la necessitat de pintar: "Poc després de la seua arribada a la ciutat [Florència] fou convidat a pintar un altar per al convent servita de la Santíssima Annunziata. [...] L'artista va acceptar complagut l'encàrrec i es va instal·lar a l'Annunziata, però va imposar als frares una llarga espera abans de començar l'encàrrec. En lloc de pintar, va prosseguir amb calma els seus estudis matemàtics amb Pacioli i va continuar els seus experiments sobre pes, força i moviment". Però ausades que l'espera va pagar la pena: quan els frares varen veure l'obra *La Verge, Santa Anna i el Nen* varen quedar encisats de la bellesa i innovació, no sols pictòrica sinó també simbòlica. L'èxit fou tan gran que durant dies hi hagué una cua de gent davant del convent per a veure l'obra.

Amb l'art Leonardo fa ciència, i viceversa. Potser siga l'únic cas en la història de la pintura d'un coneixement tan exhaustiu del món natural (tan sols se li aproximen —encara que en queden lluny— Jan van Eyck, Pisanello i Dürer). En les seues obres, cada planta, cada ésser viu, cada detall naturalístic està perfectament calculat: hi ha una severa exigència en el moment de situar cada vegetal en la composició, considerant els seus requeriments biològics. Com també hi ha un bon coneixement geològic per a detallar l'ambient que envolta els seus motius: no hi ha res deixat a la imaginació, a la improvisació, rere de cada traç s'amaga l'estudi científic.

Un exemple molt significatiu el constitueix *La Verge de les roques*, que es conserva al Louvre, i que mostra una escena mariana, amb sant Joan Baptista sota el mantell de la Verge, i amb un àngel que assenyala el Bautista davant de Jesús. Les figures es troben en l'entrada d'una gruta, i al seu voltant Leonardo ha pintat plantes d'advocació mariana: lliris (que al·ludeixen a la puresa de Maria), corniols (plantes que indiquen el Bon Naixement de Jesús) i unes anemones que potser evoquen la sang de Crist. En canvi, en la versió de *La Verge de les roques* que es troba en la National Gallery de Londres, la representació de la cova és més forçada, quasi de cartró pedra, i desvela un desconeixement geològic (com s'explica al suggeridor article d'Ann Pizzorusso *La geologia de Leonardo: l'autenticitat de 'La Verge de les roques'*). Alhora, les plantes marianes han estat substituïdes per uns narcisos i unes peònies, tan exuberants com inapropiades per a aquell ambient de penombra, que trenquen el misticisme de l'escena i que manquen de significat simbòlic marià. Per tant, quasi amb seguretat, gran part de la composició és obra dels seus deixebles, i Leonardo tan sols va col·laborar en l'execució de les figures centrals. També la creu del Baptista, situada d'una manera molt forçada, és un afegit posterior, que resta intenció al joc de missatges que s'estableix entre l'àngel, el Nen i el Baptista.

Pintar com Leonardo... Per a pintar com Leonardo cal *saber* com Leonardo. Cal *ser* Leonardo. I per a ser Leonardo cal *voler ser*, almenys, un àngel.

BLADE RUNNER, MÉS HUMANS QUE ELS HUMANS

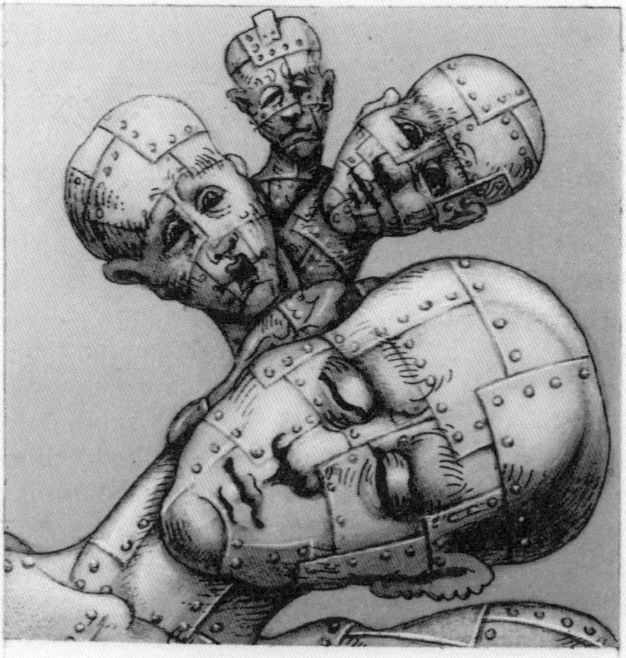

L'assaig *Contra la perfecció*, del filòsof i professor de Harvard Michael Sandel, s'inicia amb una anècdota corprenedora: una parella de sords decideixen tenir un fill, i per assegurar-se que siga sord com ells recorren a la inseminació artificial (era una parella lesbiana) i busquen un donant d'esperma amb cinc generacions de sords en la seua família. I tingueren èxit: el seu fill Gauvin també va nàixer sord.

Certament, aquesta situació pot semblar un desgavell. Però es tracta d'un cas real. Com explica Sandel, "de la mateixa manera que altres membres de la comunitat Orgull Sord, aquesta parella considerava la sordesa com una identitat cultural, i no com una discapacitat que s'haja de curar". És evident que els sords tenen una percepció de les coses del tot diferent, una aproximació distinta, i, per tant, unes sensacions exclusives. Així les coses, és ètic voler que el teu fill s'assemble a tu i també siga sord? És defensable privar-lo de tantes coses, a canvi d'adquirir unes destreses especials?

Aquest és el dilema que planteja Sandel en aquest colpidor assaig. És bo que els pares vulguen que els seus fills tinguen talent? O que els esportistes siguen cada vegada més ràpids i brillants? Sandel utilitza un ampli repertori d'anècdotes reals que va acompanyant amb dades més tècniques. Què hi ha de censurable quan es reprodueix exactament la mascota d'algú (encara que el caprici tinga un cost de 50.000 dòlars)? O per què negar una optimització genètica que reforce les aptituds físiques, de memòria, musicals, dels fills, en compte d'obligar-los al titànic esforç, sovint traumàtic, d'un aprenentatge, de vegades molt complicat? I rebla: "En les èpoques en què la ciència es mou més ràpidament que les idees morals, com s'esdevé avui, els homes i les dones troben problemes per a articular els motius de la seua inquietud".

Sandel, amb molta habilitat, va exposant les dues cares de cada conflicte, perquè si bé és cert que resulta odiós fabricar nens a la carta, també ho és la *hiperpaternitat*, és a dir, aquells pares que s'imposen sobre els seus plançons des de molt petits i els forcen a transformar-se en grans esportistes, en prestigiosos advocats, en fins analistes o en vedets d'algun show televisiu. Segons aquest autor, aquesta actitud dels progenitors també és una manera de modelar la progènie, d'atemptar contra la seua llibertat, contra la seua voluntat. Potser d'una manera més greu que si decidim que el nostre fill siga alt, ros, ben plantat, amb una important capacitat per a l'aprenentatge i amb una sensibilitat ben desenvolupada per a la música. Què hi ha de dolent en tot això?

És clar que si es permetera aquestes millores genètiques, podria passar que la humanitat a poc a poc es dividira entre els perfeccionats i els naturals. I que la ficció de *Blade Runner*, dels replicants, dels "més humans que els humans", fóra una realitat. Però Sandel insisteix: "Es diu habitualment que el perfeccionament, la clonació i l'enginyeria genètica suposen una amenaça per a la dignitat humana. Però el repte és dir en quin sentit redueixen aquestes pràctiques la nostra humanitat". En efecte, com podem dir que afecta la dignitat humana evitar traumes importants (per nanisme o per sobrepès) a milions de persones? O com podem dir que som menys humans si aconseguim eliminar malalties hereditàries, com alguns càncers i esquizofrènies? Com podem mantenir que cal acceptar la loteria de la vida, quan aquesta implica una esclerosi múltiple? Sandel explica com als Estats Units molts ciutadans dediquen bona part del seu sou a superar traumes causats per la baixa estatura o per l'obesitat.

I cita el codi bioètic de Julian Savulescu: "Els pares haurien d'emprar la tecnologia disponible per a manipular la memòria, el temperament, la paciència, l'empatia, el sentit de l'humor, l'optimisme, per donar als fills les màximes oportunitats de portar la millor vida posible". I quina és la diferència entre proporcionar-los aquesta ajuda a través de l'educació i la formació a fer-ho per mitjà de l'optimització genètica?

Al capdavall, els pares desitgen el millor per als fills. Que són els depositaris dels seus gens, i per tant la seua descendència biològica. En aquest desig hi ha un egoisme molt natural, que no es pot censurar. La inversió parental és molt important, i els sacrificis que els pares fan en l'educació i la salut dels fills sovint són vertaderament herculis. Si amb la biònica es poguera reduir la incertesa genètica, per què no fer-ho? D'acord amb quines regles morals? Si aconseguírem uns descendents més savis, millor adaptats, més sensibles a la cultura, més creatius, més "humans", per què resignar-s'hi?

Per a evitar la *bladerunnització* del món, podria ser la resposta. Però per altra banda, aquest món és ple a vessar de monstres totalment naturals, i de tota classe. Tant de bo si en poguérem prescindir! Com veieu, aquest llibre planteja un debat que no és del futur, sinó ja del nostre present.

ARSUAGA I EL PRIMER VIATGE DE LA NOSTRA ESPÈCIE

"Per gran que siga l'interès que tenim a conèixer-nos, quasi gosaria a dir que el nostre propi ésser és el que menys coneixem", escriu el comte de Buffon. I, sens dubte, és així: l'home és un desconegut per a l'home. La nostra anatomia és particularment interessant, el resultat de l'atzar evolutiu més impensable. Juan Luis Arsuaga, en *El primer viatge de la nostra vida*, comenta que per a un naturalista extraterrestre la nostra intel·ligència li resultaria insignificant (doncs de segur que ell seria més intel·ligent), però en canvi quedaria admirat dels nostres formidables mecanismes reproductius. L'home posseeix una sexualitat molt rica i complicada, que el diferencia de la resta de primats, i alhora dóna a llum les seues cries d'una manera completament diferent, amb unes dificultats inexplicables.

Juan Luis Arsuaga és un paleoantropòleg famós per les seues descobertes a Atapuerca, i pels seus llibres de divulgació. Tant *L'espècie elegida* (en col·laboració amb Ignacio Martínez) com *El collar del neandertal* són dos texts brillants, que animen a endinsar-se en la història dels nostres orígens. En especial, en *El collar del neandertal*, Arsuaga imagina com pogué ser la primera vegada que es varen veure els neandertals (que serien de pell blanca i d'ulls clars, amb un cos robust) i els cromanyons (que serien alts i de pell negra), i que formen part del nostre llinatge d'homes moderns. Aquella topada significaria l'inici de l'extinció dels neandertals, menys preparats, i que serien desplaçats i possiblement morts pels nouvinguts d'Àfrica. Això no impediria que hi haguera hibridació, i ara és inqüestionable que en el genoma humà hi ha gens neandertals.

En canvi, en *El primer viatge de la nostra vida*, Arsuaga se centra en la nostra biologia humana, i en concret en el part humà i com aquest condiciona de manera extraordinària la nostra biologia. Per Arsuaga, aquest primer viatge, tan perillós i traumàtic, és el resultat últim del nostre procés evolutiu. La postura bípeda va produir una reducció de les pelvis de les dones, i aquesta nova situació, necessària per a mantenir la postura dreta, va ocasionar un efecte col·lateral amb l'estrenyiment del canal del part. D'aquesta manera, les cries humanes han de superar tres punts particularment perillosos, tres portes o "rubicons" que no existeixen en la resta de primats: la primera porta és l'entrada al canal del part, situat entre les pelvis, i per on ha d'encabir-se el gran cap del nadó; la segona porta es troba en l'estret mitjà del canal del part, amb les temibles espines isquiàtiques, on queden atrapats molts xiquets, i la tercera porta es troba a l'altura del còccix, que també causa molts entrebancs. El cos del nadó ha de fer un gir de 90 graus en el seu pas pel canal obstètric (la revolta més perillosa de la nostra vida), i al mateix temps naix amb el cap deformat, com a conseqüència del seu pas pel coll uterí. L'encefalització creixent dels humans també va originar un part prematur, per a permetre el pas del cap del nadó per tot aquest angost laberint. Arsuaga explica que això també justifica la diferència entre les pelvis dels homes i les de les dones, molt més amples en aquestes, per a facilitar en la mesura del possible el part.

En qualsevol cas, l'home és resultat de la seua circumstància: el bipedisme fou una gran troballa evolutiva que va alliberar les mans i ens va permetre la fabricació d'instruments, però alhora va tenir l'efecte secundari d'una reducció dràstica del canal obstètric, amb unes conseqüències terribles per als primers bípedes. Un autèntic atzucac evolutiu. Sens dubte, llinatges sencers d'homínids s'extingiren per no poder donar a llum amb facilitat. El cap de les criatures era massa gros i la boca d'eixida massa estreta, i plena de crestes i perills on enganxar-se. Parim amb dolor perquè estem drets, i som humans perquè caminem amb dues potes. Vet ací allò més formidable, i que conta amb tots els detalls aquest llibre: la humanitat és, en bona part, el resultat del part amb dolor.

HARARI I EL FASCINANT FUTUR DE LA HUMANITAT

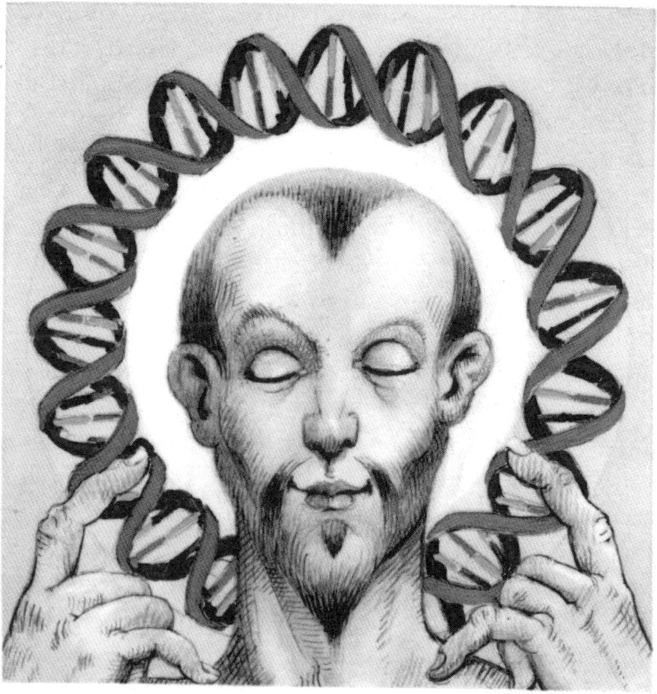

Quan Carl von Linné va denominar *Homo sapiens* la nostra espècie, i la va situar en el *Systema naturae* entre els *Antropomorpha*, junt amb goril·les i simis, hi hagué un gran rebombori. Per a la mentalitat de l'època el fet de col·locar l'home entre els primats va semblar una procacitat, perquè la Bíblia assenyalava que aquest havia estat fet a imatge i semblança de Déu. Per Linné, el que ens separava dels primats era la intel·ligència, a més de la noblesa. En la descripció de l'espècie, tan sols hi va consignar: "*Nosce te ipsum*", en un elegant i hàbil exercici de contenció. Si vols saber de tu, estudia't.

Linné va posar nom a la nostra espècie, i aquesta saviesa ha estat qüestionada per uns i altres, com si no fóra del tot el tret que més ens distingeix. El filòsof Henri Bergson va encunyar el terme d'*Homo faber*, perquè al seu parer el que ens caracteritza és el desig de fabricar estris, i anys més tard l'historiador Johan Huizinga va parlar d'*Homo ludens*, ja que, segons ell, el que és consubstancial a la nostra espècie és el joc. Comptat i debatut, l'home potser siga una mescla d'aquests tres impulsos: una intel·ligència preclara, una disposició natural a inventar i un deler incontenible per a combatre amb jocs i passatemps el tedi de l'existència.

Ara l'historiador Yuval Noah Harari ha encunyat el terme d'*Homo deus* per a referir-se a l'home del futur. El seu llibre '*Homo deus*'. *Una breu història del demà* s'ha convertit en un autèntic *best-seller*, i amb motiu: es tracta d'una crònica, tan fascinant com interessant, de com serà el futur de la humanitat. I així Harari ens avança: "El tecnohumanisme accepta que l'*Homo sapiens* tal com el coneixem ha conclòs el seu curs històric i ja no és rellevant en el futur". L'autor explica com, a poc a poc, la robotització (els algoritmes informàtics), esperonada per les grans companyies informàtiques i pel neoliberalisme econòmic, anirà desplaçant la humanitat, i com la mà d'obra no qualificada serà substituïda en la seua major part per màquines preparades.

Harari adverteix que l'única manera de poder resistir l'embat de les màquines intel·ligents serà "fent servir la tecnologia per crear l'*Homo deus*: un model humà molt superior, que reté característiques humanes essencials, però també gaudeix de capacitats físiques i mentals millorades".

Harari és un escriptor molt hàbil, d'una retòrica molt persuasiva, com ja va demostrar amb el seu assaig anterior, *Sapiens*, també convertit en un *best-seller*. Les possibles objeccions a la seua especulació futurista de seguida les replica amb exemples convincents, cosa que fa que el seu discurs siga tan efectiu. Està la humanitat, tal com la coneixem, en perill? S'apoderaran la intel·ligència artificial i la biotecnologia de les nostres societats? Se substituirà la vida orgànica per la inorgànica? Són qüestions que tracta Harari en aquest llibre impactant, que parla d'un futur que ja tenim a sobre. I escriu: "Fa set mil anys la revolució cognitiva va transformar la ment del *sapiens* i va convertir un simi africà insignificant en el dirigent del món. (...) Pel que sabem ara, aquesta revolució colossal es va produir a partir d'uns canvis molt petits en l'ADN *sapiens* (...) Si és així, diu el tecnohumanisme, potser uns quants canvis més al nostre genoma (...) seran suficients per a emprendre una segona revolució cognitiva".

L'any 2009 els paleontòlegs Eudald Carbonell i Robert Sala varen escriure un assaig titulat *Encara no som humans*, on indicaven que la humanitat tan sols s'alliberaria del seu jou biològic quan aconseguira prescindir per complet de les imposicions genètiques. Per Carbonell i Sala, l'hominització havia de conduir a la humanització: seríem humans quan fórem éssers del tot independents del nostre passat biològic. Per a això, defensaven l'ús de la manipulació genètica, la construcció de cíborgs i la creació d'un tecnoésser. Aquest assaig va rebre alguns atacs de pensadors escandalitzats, que veien aquella humanitat cibernètica del tot desposseïda dels seus millors valors. I, tanmateix, el futur apunta cap a aquesta realitat, com demostra amb molts fets i exemples aquest llibre de Harari, que calcula que en uns vint-i-cinc anys tot això serà una realitat.

No cal dir que aquest *Homo deus* ha caigut malament entre els lectors més conservadors i religiosos, que l'han trobat d'un materialisme mesquí i deshumanitzat. El fet que el futur de la humanitat siga poder conciliar la màquina amb la ment humana (en el pensament de tots està el cíborg de *Terminator*) resulta escandalós. Aquests crítics conservadors carreguen contra Silicon Valley, i contra el que ells consideren una nova religió, el "dataisme". Siga com siga, de segur que tots aquests detractors porten el seu *smartphone* al damunt, i com demostra Harari aquest ja sap més sobre els seus gustos que els mateixos interessats. El canvi, doncs, sembla inevitable, tret que decidim prescindir per complet de la tecnologia. I com profetitza Harari: "Els humans són simples eines per crear l'internet de totes les coses, que un dia pot sortir enllà del planeta Terra per abastar tota la galàxia i fins i tot l'univers". Així les coses, a l'evolució biològica en seguiria una de tecnològica, que es dispersaria per la nostra galàxia.

Una història vertaderament fascinant.

ÍNDEX ONOMÀSTIC